宽禁带半导体前沿丛书

氮化铝单晶材料生长与应用

Aluminum Nitride Single Crystal Growth and Applications

徐科　黄俊　编著

西安电子科技大学出版社

内 容 简 介

氮化铝晶体具有宽带隙、高热导率、高击穿场强等优势，是制备紫外发光器件和大功率电力电子器件的理想材料。本书以作者多年的研究成果为基础，参考国内外的最新研究成果，详细介绍了氮化铝单晶材料生长与器件制备的基本原理、技术工艺、最新进展及发展趋势。本书共7章，内容包括氮化铝单晶材料的基本性质、缺陷及其生长的物理基础，物理气相传输法、氢化物气相外延法、金属有机物化学气相沉积法制备氮化铝单晶和氮化铝器件应用。

本书基于翔实的数据，对氮化铝单晶材料生长的技术方法及应用领域的发展进行了讨论，注重专业性和系统性，具有简明、扼要等特点，可供从事相关研究的科研和工程技术人员阅读，也可作为高等院校相关专业高年级本科生和研究生的参考教材。

图书在版编目(CIP)数据

氮化铝单晶材料生长与应用/徐科，黄俊编著. —西安：西安电子科技大学出版社，2022.9
ISBN　978-7-5606-6283-1

Ⅰ. ①氮…　Ⅱ. ①徐…　②黄…　Ⅲ. ① 氮化铝—单晶—半导体材料—研究
Ⅳ. ①TN304

中国版本图书馆 CIP 数据核字(2022)第 078465 号

策　　划　马乐惠
责任编辑　赵远璐　陈　婷
出版发行　西安电子科技大学出版社(西安市太白南路 2 号)
电　　话　(029)88202421　88201467　　邮　　编　710071
网　　址　www.xduph.com　　　　电子邮箱　xdupfxb001@163.com
经　　销　新华书店
印刷单位　陕西精工印务有限公司
版　　次　2022 年 9 月第 1 版　2022 年 9 月第 1 次印刷
开　　本　787 毫米×960 毫米　1/16　印张 11.75　彩插 2
字　　数　190 千字
定　　价　108.00 元
ISBN　978-7-5606-6283-1/TN
XDUP 6585001-1

＊＊＊如有印装问题可调换＊＊＊

"宽禁带半导体前沿丛书"出版说明

当今世界，半导体产业已成为主要发达国家和地区最为重视的支柱产业之一，也是世界各国竞相角逐的一个战略制高点。我国整个社会就半导体和集成电路产业的重要性已经达成共识，正以举国之力发展之。工信部出台的《国家集成电路产业发展推进纲要》等政策，鼓励半导体行业健康、快速地发展，力争实现"换道超车"。

在摩尔定律已接近物理极限的情况下，基于新材料、新结构、新器件的超越摩尔定律的研究成果为半导体产业提供了新的发展方向。以氮化镓、碳化硅等为代表的宽禁带半导体材料是继以硅、锗为代表的第一代和以砷化镓、磷化铟为代表的第二代半导体材料以后发展起来的第三代半导体材料，是制造固态光源、电力电子器件、微波射频器件等的首选材料，具备高频、高效、耐高压、耐高温、抗辐射能力强等优越性能，切合节能减排、智能制造、信息安全等国家重大战略需求，已成为全球半导体技术研究前沿和新的产业焦点，对产业发展影响巨大。

"宽禁带半导体前沿丛书"是针对我国半导体行业芯片研发生产仍滞后于发达国家而不断被"卡脖子"的情况规划编写的系列丛书。丛书致力于梳理宽禁带半导体基础前沿与核心科学技术问题，从材料的表征、机制、应用和器件的制备等多个方面，介绍宽禁带半导体领域的前沿理论知识、核心技术及最新研究进展。其中多个研究方向，如氮化物半导体紫外探测器、氮化物半导体太赫兹器件等均为国际研究热点；以碳化硅和Ⅲ族氮化物为代表的宽禁带半导体，是近年来国内外重点研究和发展的第三代半导体。

"宽禁带半导体前沿丛书"凝聚了国内20多位中青年微电子专家的智慧和汗水，是其探索性和应用性研究成果的结晶。丛书力求每一册尽量讲清一个专题，且做到通俗易懂、图文并茂、文献丰富。丛书的出版也会吸引更多的年轻人投入并献身到半导体研究和产业化的事业中来，使他们能尽快进入这一领域进行创新性学习和研究，为加快我国半导体事业的发展做出自己的贡献。

"宽禁带半导体前沿丛书"的出版，既为半导体领域的学者提供了一个展示他们最新研究成果的机会，也为从事宽禁带半导体材料和器件研发的科技工作者在相关方向的研究提供了新思路、新方法，对提升"中国芯"的质量和加快半导体产业高质量发展将起到推动作用。

编委会

2021 年 6 月

前　言

　　氮化铝单晶材料生长与应用是一个正在快速发展的研究领域。关于这一研究领域，在国内尚无适合普通研究人员查阅的参考书，在国外也找不到一本系统的著作。为了简明扼要地展示该领域的研究成果和进展，本书着重总结了氮化铝单晶材料生长与器件研究的典型现象和基本规律，而对具体的技术工艺则最好结合实际操作来加深理解。

　　氮化铝单晶材料在紫外发光器件、紫外光电子器件、大功率电力电子器件等方面存在巨大的潜在应用价值，是目前国内外在半导体领域的研究热点之一。在国外，氮化铝单晶材料的生长方法日趋成熟，紫外发光器件也在走向应用；在国内，从事氮化铝单晶材料生长与器件研究的队伍也在不断壮大，但是无论从研究水平，还是从产业化应用方面，中国还和美、德、日等发达国家存在不小差距。归根结底，国内外的差距还是基础研究的差距、创新体系的差距、人才培养的差距，这也是作者思考和总结本书内容的一个出发点。

　　全书共7章，前3章总结了氮化铝单晶材料的基本性质、材料生长的物理基础、材料的缺陷等基本原理和知识，初学者可以结合相关文献进一步拓展知识和加深理解。第4～6章分别讨论了氮化铝单晶材料的主要生长方法，包括物理气相传输法、氢化物气相外延法、金属有机物化学气相沉积法的研究成果和最新进展，该部分适合为熟悉晶体生长工艺和有一定实践经验的读者提供参考。氮化铝单晶材料生长的工艺技术还在不断地发展进步，研究者不必受限于本书内容，需要保持开放的态度，积极跟踪该领域的最新发展动态，才能掌握最新的知识和技能。第7章是氮化铝器件应用，虽然近几年氮化铝的应用有了实质性的进展，但是器件应用还存在诸多需要解决的问题，如紫外发光二极管的出光问题、AlGaN 的结构设计和 p 型掺杂问题、欧姆接触问题，等等。通过本书，读者也可以了解到半导体前沿技术研究人员解决问题的思路和方法。

氮化铝单晶材料生长与应用还处于逐渐走向成熟的过程，知识不是一成不变的，人们对该领域认知的深度和广度将随着时间的推移不断拓展，本书力求简明扼要地搭建起一个较为系统的知识框架，读者可以根据自身需要进行取舍。

本书在编写过程中，得到了诸多同行的支持与鼓励，特别是本系列丛书的编委会主任郝跃院士给出了许多宝贵的指导意见，沈波教授也对内容提纲进行了指导。书中相关研究内容和成果以国家自然科学基金项目、国家重点基础研究发展计划项目、科技部重点研发计划项目、中科院重点项目、江苏省科技项目等作为支撑。本书的出版还得到了西安电子科技大学出版社的大力支持。在此，作者一并表示诚挚的感谢！

由于作者水平有限，书中难免存在疏漏之处，请读者不吝赐教。

作　者

2022 年 4 月于苏州

目　录

第 1 章

氮化铝单晶材料的基本性质

1.1　氮化铝的应用背景与发展现状

氮化铝（AlN）及其合金的带隙覆盖了 200～365 nm 的紫外光谱，所以 AlN 及其合金是制备紫外光电子器件和大功率电力电子器件的理想材料。由于 AlN 基紫外光电子器件和大功率电力电子器件具有体积小、重量轻、电压低、功耗小、波长可调、耐高温、抗辐照、击穿场强高和导热率高等优势，因此其在紫外杀菌、生物医疗、紫外固化、太空紫外通信、紫外预警卫星、智能电网和交通运输等方面具有广阔的应用前景，美、德、日等发达国家已投入大量资源开展相关研究[1-6]。然而，由于 AlN 具有键能大、原子扩散势垒高、位错形成能低等特点，目前制备高质量、大尺寸的 AlN 单晶仍然是一个挑战。由于缺乏高质量、大尺寸的 AlN 单晶衬底材料，AlN 基器件不得不在蓝宝石、碳化硅、硅等异质衬底上外延制备。但异质衬底与 AlN 外延膜之间的大晶格失配和热失配，使得 AlN 外延膜存在较高的位错密度和较大的残余应力，这在很大程度上影响了器件的性能。

目前 AlN 体单晶的生长方法主要有升华法（又称物理气相传输法，即 PVT 法）[7]、氢化物气相外延（HVPE）法[8] 和金属有机物化学气相沉积（MOCVD）法[9] 等。

PVT 法的优点在于可以获得高生长速率（一般为 50～200 $\mu m/h$），低位错密度（可以小于 1×10^4 cm^{-2}）的 AlN 单晶。欧美的有些研究机构和公司利用这种方法已经实现了 2 英寸 AlN 单晶衬底的制备[10]。不过 PVT 法也存在一些缺点：首先，AlN 晶体容易出现多晶成分，这不仅影响 AlN 衬底的有效使用面积，还会导致晶体脆性增加，使其不易加工；其次，AlN 晶体杂质浓度过高，这会影响其在深紫外波段的透过率，导致其在紫外发光和紫外光电子器件上的应用受到限制；再次，PVT 法生长温度高，电能消耗大，且需要特制的坩埚材料，导致成本难以降低。虽然距离第一片 2 英寸 AlN 单晶衬底制备出来已有十多年了，但是 AlN 单晶衬底仍然未实现大规模量产。不过随着学术界和产业界对 PVT 生长 AlN 技术的持续投入和深入研究，相关问题可能会逐步得到解决。

HVPE 技术采用气相外延生长 AlN，可以生长均匀、大尺寸（2～4 英寸）、低杂质浓度的 AlN 单晶。HVPE 技术一般在 1300～1600℃ 下生长 AlN 单晶，晶体生长速率一般为每小时几微米到几十微米，该技术适合用来制备 AlN 厚膜。近年来，世界上一些领先的研究机构和企业都投入了不少资源开展 HVPE 法生长 AlN 单晶衬底研究，已经可以制备出 2 英寸以上的几十微米厚的 AlN 厚膜及小于 2 英寸的自支撑 AlN 单晶[11, 12]。但是，HVPE 主要采用异质外延制备 AlN 晶体，导致其位错密度较高（10^8 cm^{-2} 左右），至今尚未找到有效的办法解决该问题。另外，如何分离衬底获得大尺寸的自支撑 AlN 单晶也是一个难题。因此，用 HVPE 技术直接制备自支撑 AlN 单晶存在很大困难，比较可行的办法是在 PVT － AlN 单晶衬底上 HVPE 同质外延 AlN 单晶，去掉 PVT － AlN 单晶衬底后就可以获得高紫外透过率的自支撑衬底。

MOCVD 是目前 AlN 基紫外发光器件和紫外光电子器件所采用的主要制备技术。由于缺少 AlN 单晶衬底，MOCVD 也采用异质外延方式制备 AlN 或 AlGaN 基器件。MOCVD 的生长温度一般为 1100～1400℃，晶体生长速率一般为每小时几百纳米到几微米，该技术适合生长几百纳米到几微米的 AlN 薄膜。近年来，MOCVD 技术发展较快，已经发展出了脉冲沉积、成核层高温退火、纳米图形等技术[13-15]。MOCVD 制备的 AlN 单晶，位错密度可达 10^7～10^8 cm^{-2}。

目前，各种基于 AlN 及其合金的器件分别处于不同的发展阶段。AlN 基紫外发光器件（UV － LED）已经走向产业化，初步应用于紫外杀菌、紫外固化、生物、医疗等领域。AlN 基紫外探测器在军事领域也有一定的实际应用，但市场较小，相关报道不太多。而 AlN 基电力电子器件，如肖特基二极管、场效应晶体管等还处于基础研究阶段。不过随着科技的进步和产业的发展，相信 AlN 的更多应用会逐步被科技工作者挖掘出来。

1.2　氮化铝的基本物理性质

AlN 属于宽禁带半导体，它与同是Ⅲ-Ⅴ族化合物半导体的 GaN 和 InN 构成一个合金体系，通过调节合金组分可以获得从 0.7 eV 到 6.2 eV 的连续可调直接带隙，从而这一合金体系就可以覆盖从近红外到深紫外这样一个较宽的光谱范围。

图 1.1 展示了常见半导体材料的晶格常数 a 和带隙宽度，其中横坐标为晶格常数 a，纵坐标为带隙宽度。在这些半导体材料中，Si、Ge 为第一代半导体代表材料，GaAs、InP 为第二代半导体代表材料，GaN、SiC 为第三代半导体代表材料。InN、GaN、AlN 及其合金组成的 III 族氮化物半导体是最重要的一类宽禁带半导体，但因 AlN 的带隙宽度大于 3.4 eV，也有人将其和金刚石、立方氮化硼、氧化镓等材料一起归为下一代的超宽禁带半导体[3]。

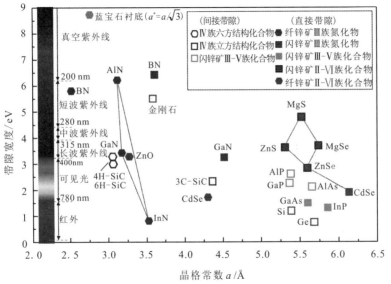

图 1.1　常见半导体材料的晶格常数 a 和带隙宽度

对于半导体材料，我们需要从多维度观察其物理性质，从而理解其应用于某个领域的优势。图 1.2 从五个维度展示了 Si、SiC、GaN 和 AlN 的物理性质。由图 1.2 知，综合性能最弱的是 Si，但是 Si 的单晶（8～18 英寸）生长技术最成熟，Si 基器件制备工艺也最成熟，因此它仍然是制备电子器件的主要材料。SiC 的热导率高、散热性能好，其单晶（4～8 英寸）制备技术也比较成熟，因此其在功率器件和部分电力电子器件制备方面有重要应用。GaN 的饱和电子速率高，其单晶（2～6 英寸）制备技术发展迅速，目前 GaN 与 InN 和 AlN 形成的合金已经广泛应用于 LED 器件制造，GaN 与 AlN 形成的异质结构在射频器件制备方面也有重要应用。AlN 的突出特点是宽带隙和高击穿电场(热导率和高温稳定性也不错),尽管其单晶(2 英寸)制备技术发展缓慢,但其在深紫外器件制备方面的发展较快,在耐高压的电力电子器件制造方面也有很大的应用前景。

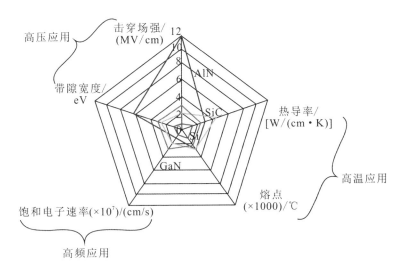

图 1.2　Si、SiC、GaN 和 AlN 的物理性质五维度展示图

图 1.2 展示的四种半导体的基本物理参数如表 1-1 所示。需要注意的是,不同的参考资料给出的某些具体数值可能会有些许差别,因为数据可能是在不同的环境下获得的。表 1-1 中的数据来源见对应的参考文献。

表 1-1　Si、SiC、GaN 和 AlN 的基本物理参数

物理参数	Si	4H-SiC	GaN	AlN
带隙宽度/eV	1.1[16]	3.26[17]	3.4[1]	6.2[18]
击穿场强/(MV/cm)	0.4[16]	2[16]	2.8[16]	12[18]
热导率/[W/(cm·K)]	1.5[16]	4.5[16]	2.53[1]	3.4[2]
饱和电子速率(×10^7)/(cm/s)	1[16]	2[16]	2.8[16]	1.3[1]
电子迁移率/[cm²/(V·s)]	1500[16]	700[16]	2000[16]	300[18]

按照目前学术界和产业界的共识，半导体材料可分为第一代、第二代和第三代，第三代半导体材料即禁带宽度大于 2.3 eV 的宽禁带半导体材料，其中 AlN、金刚石（Diamond）、立方氮化硼（c-BN）和氧化镓（β-Ga$_2$O$_3$）又被归为新一代的超宽禁带半导体材料。图 1.3 是典型的宽禁带和超宽禁带半导体材料的导通电阻与击穿电压的关系图，为了便于对比，图中也放入了 Si 材料的数据。

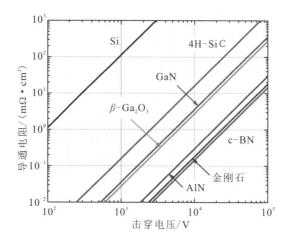

图 1.3　典型半导体材料的导通电阻与击穿电压的关系图[1]

图 1.3 展示了不同禁带宽度的半导体材料在高电压电力电子器件应用方面的比较优势，这些半导体材料的重要物理参数如表 1-2 所示。

表 1-2　典型半导体材料的重要物理参数[1]

物理参数	宽禁带半导体材料		超宽禁带半导体材料		
	GaN	4H-SiC	AlGaN/AlN	β-Ga$_2$O$_3$	金刚石
带隙宽度/eV	3.4	3.3	高达 6.0	4.9	5.5
热导率/[W/(m·K)]	253	370	253~319	11~27	2290~3450
位错密度/cm^{-2}	≈10^4	≈10^2	≈10^4	≈10^4	≈10^5
衬底直径(在 Si 上)/英寸	8	8	2	4	1
p 型可掺杂性	好	好	差	不可掺杂	好
n 型可掺杂性	好	好	一般	好	一般

为了使读者能够更全面地了解 AlN、GaN、InN 三种氮化物宽禁带半导体的各种物理性质，我们引用了一篇综述文献的表格，如表 1-3 所示。

表 1-3　AlN、GaN、InN 的各种物理参数[19]

物理参数	AlN	GaN	InN
a 轴晶格常数（$T=300$ K）/nm	0.3112	0.3189	0.3533
a 轴热膨胀系数（$\times 10^{-6}$）/K^{-1}	4.2	5.6	3.8
c 轴晶格常数（$T=300$ K）/nm	0.4982	0.5185	0.5693
c 轴热膨胀系数（$\times 10^{-6}$）/K^{-1}	5.3	3.2	2.9
密度/（g/cm^3）	3.23	6.15	6.81
菲利普斯电离度	0.449	0.500	0.578
德拜温度/K	1150	600	660
熔点/K	3487	2791	2146
分解温度/℃	1040	850	630
分解活化能/（kJ/mol）	414	379	336
静态介电常数	8.5	8.9	10.5
高频介电常数	4.6	5.4	6.7
带隙宽度 E_g（$T=0$）/eV	6.25	3.51	0.69
带隙宽度 E_g（$T=300$ K）/eV	6.14	3.43	0.64
带边电子有效质量	0.32	0.20	0.07
激子结合能/meV	60	34	9
激子玻尔半径/nm	1.4	2.4	8
Mg 受主结合能/eV	0.51	0.17	0.06
临界点 $A(U_3 \rightarrow U_3)$/eV		6.36	4.88
临界点 $E_1(L_{2,4} \rightarrow L_{1,3}, M_4 \rightarrow M_{1,3})$/eV	7.97	7.00	5.35
临界点 $E_2(H_3 \rightarrow H_3, M_2 \rightarrow M_1)$/eV	8.95	7.96	6.05

续表

物理参数	AlN	GaN	InN
临界点 $E_3(K_{2,3} \rightarrow K_2)/\mathrm{eV}$		9.25	7.87
A_1(TO)声子/$\mathrm{cm^{-1}}$	611	532	447
A_1(LO)声子/$\mathrm{cm^{-1}}$	890	734	586
E_1(LO)声子/$\mathrm{cm^{-1}}$	912	741	593
E_1(TO)声子/$\mathrm{cm^{-1}}$	671	559	476
E_2^{H}(TO)声子/$\mathrm{cm^{-1}}$	657	568	488
E_2^{L}(TO)声子/$\mathrm{cm^{-1}}$	249	144	87

表 1-3 中有些参数数值与学术界公认的值有些许差别，读者在参考这些数据时要注意一下。

力学性质是 AlN 材料的一个重要方面。研究者在对 AlN 进行应力应变分析时，往往会用到一些力学常数。表 1-4 列出了 AlN 的常见力学参数，供研究者参考。

表 1-4　AlN 的常见力学参数

力学参数	单位	数值
体弹性模量	GPa	201[20]
杨氏模量	GPa	344.83[20]
C_{11}	GPa	396[21]
C_{12}	GPa	137[21]
C_{13}	GPa	108[21]
C_{33}	GPa	373[21]
C_{44}	GPa	116[21]
e_{31}	$\mathrm{C/m^2}$	−0.50[21]
e_{33}	$\mathrm{C/m^2}$	1.79[21]

由于 AlN 具有高击穿电压、高硬度、高热导率、良好的电绝缘性和介电性质，以及优异的压电性能、高声表面波传播速度和化学稳定性，因此其在压电器件、GHz 级声表面波器件领域有着重要的应用。此外，随着薄膜与微纳米加工技术的发展，电子器件正向微型化、高密集复用、高频率和低功耗的方向迅速发展。近几年发展起来的薄膜体声波谐振器（FBAR）便是其中的代表，它通过压电薄膜的逆压电效应将电能量转换成声波而形成谐振，在新一代无线通信系统和超微量生化检测领域具有广阔的应用前景。下面给出 AlN 的常见声学参数（见表 1-5），供相关研究者参考。

表 1-5　AlN 的常见声学参数

声学参数	单位	数值
折射率		2.15 ± 0.5[20]
非掺杂电阻率	$\Omega \cdot cm$	$10^7 \sim 10^{13}$[20]
n 型掺杂电阻率	$\Omega \cdot cm$	400[20]
p 型掺杂电阻率	$\Omega \cdot cm$	$10^3 \sim 10^5$[20]
纵声波速度	cm/s	9.06×10^5[22]
横声波速度	cm/s	3.7×10^5[22]
声学形变势	eV	9.5[22]
压电常数 e_{14}	C/cm^2	9.2×10^{-5}[22]

1.3　氮化铝的晶体结构性质

氮化铝具有六方纤锌矿（Wurtzite）结构（立方相不稳定），其晶体结构如图 1.4 所示，晶格常数 $a = 3.112$ Å，晶格常数 $c = 4.982$ Å。为了更形象地显示晶体对称性，六方晶系的晶向一般采用四轴指数表示，图 1.5 给出了一些常用的六方晶系的晶向指数。

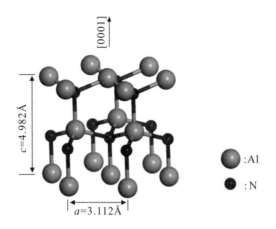

图 1.4 六方纤锌矿 AlN 晶体结构示意图

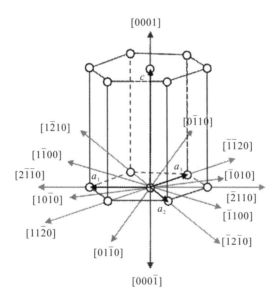

图 1.5 六方晶系的晶向指数

值得注意的是，纤锌矿结构的 AlN 晶体在 c 轴方向存在非中心对称的结构，从而产生较强的自发极化和压电极化效应。如图 1.6 所示，每一个 Al 原子在 [0001] 方向连接一个 N 原子，在 [000$\bar{1}$] 方向连接三个 N 原子。理想状态下，四个 Al－N 键的长度相等，晶格常数 c_0 和 a_0 的比值为 1.633，如图 1.6(a) 所示。但实际上 [0001] 方向的 Al－N 键和 [000$\bar{1}$] 方向的三个 Al－N 键的长度并不相等，晶

格常数 c_0 和 a_0 的比值小于 1.633，由此导致四个 Al-N 偶极子的矢量和不为零（即 $P=P_1+P_2+P_3+P_4=P_{sp}\neq0$，$P_{sp}$ 为自发极化电场），如图 1.6(b) 所示。此外，在 AlN 受外力的情况下，晶格 c 或者 a 发生变化，导致晶格常数 c_0 和 a_0 的比值进一步小于 1.633，从而增加一个压电极化电场 P_{pe}。P_{pe} 与 P_{sp} 的极化方向既可能相同，也可能相反，出现哪种结果取决于晶格 c 或者 a 的变化情况，图 1.6(c) 中只画出了二者极化方向相同的情况。

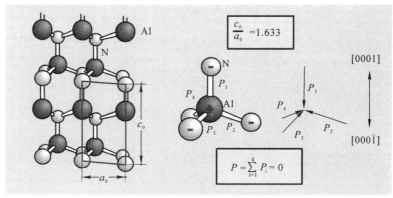

(a)AlN的理想纤锌矿结构

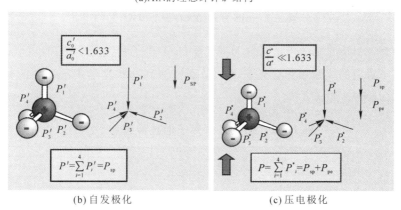

(b) 自发极化　　　　　　(c) 压电极化

图 1.6　AlN 的自发极化和压电极化

在存在应力/电场的状态下，AlN 的键长会发生变化，这种变化反映到晶格振动上表现为振动频率的变化，因此可以用拉曼光谱进行表征分析。图 1.7 是 AlN 分子的六种振动模式，其中，E_1，E_2 和 A_1 的振动模式是可以引起极化率变化的，因此可以被拉曼光谱探测到，它们在晶体中的能量量子化属于光学

声子；B_1 的振动模式不能引起极化率变化，因此不能被拉曼光谱探测到，它在晶体中的能量量子化属于声学声子。

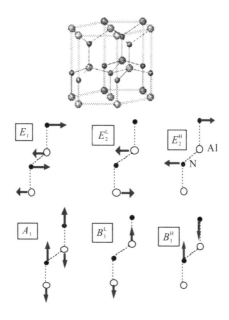

图 1.7 AlN 分子的六种振动模式[23]

另外，AlN 的光学声子又分为横光学(LO)声子和纵光学(TO)声子，所有光学声子对应的拉曼频移参见表 1-6，而探测到这些光学声子所用的拉曼光谱的几何配置参见表 1-7。

表 1-6 AlN 光学声子的拉曼频移[23]

AlN 声子模式	拉曼频移/cm^{-1}
E_2^L	248.6
$A_1(TO)$	611
E_2^H	657.4
$E_1(TO)$	670.8
$A_1(LO)$	890
$E_1(LO)$	912

表 1 - 7   AlN 声子模式与拉曼测试的几何配置[23]

AlN 声子模式	几何配置
$A_1(TO)$, E_2	$x(y, y)\bar{x}$
$A_1(TO)$	$x(z, z)\bar{x}$
$E_1(TO)$	$x(z, y)\bar{x}$
$E_1(TO)$, $E_1(LO)$	$x(y, z)y$
E_2	$z(y, y)z$
E_2	$z(y, x)\bar{z}$
$A_1(LO)$, E_2	$z(y, y)\bar{z}$

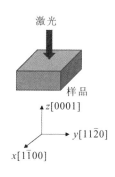

激光

样品

$z[0001]$

$y[11\bar{2}0]$

$x[1\bar{1}00]$

常用的商业设备是共聚焦拉曼光谱,空间分辨率可以达到亚微米级。拉曼测试一般用背散射模式,表 1 - 7 中的几何配置中,括号前的字母代表激光的入射方向,括号后的字母代表拉曼散射的接收方向,括号内的第一个字母代表入射激光的偏振方向,括号内的第二个字母代表接收拉曼散射光的偏振方向。拉曼光谱可以定性分析 AlN 的应力状态、晶向,AlGaN 的组分分布和变化等,但定量的分析需要通过标准样品进行标定。

1.4   氮化铝的光学性质与能带结构

紫外 AlGaN - LED 与可见光 GaInN - LED 不同,其明显的特征是 AlN 发光具有强各向异性(强光学偏振特性),随着 AlGaN 材料中 Al 组分的增加,发光各向异性就愈发明显。如图 1.8 所示,GaN 具有各向同性的发光模式(与其他大部分半导体一样),即从所有晶向均匀地发出光;AlN 具有很强的各向异性发光模式,几乎很少有光可以从 c 轴方向面发出,但在 a 轴($\langle 11\bar{2}0\rangle$)和 m 轴($\langle 1\bar{1}00\rangle$)方向的发光强度要比 c 轴方向强得多。从理论上讲,非极性面(a 面($\{11\bar{2}0\}$)和 m 面($\{1\bar{1}00\}$))AlN 适合用来制备 AlGaN 基紫外 LED,但实际上非极性面(a 面或 m 面)AlN 很难制备,大部分 AlN - LED 还是用 c 面 AlN 制备的,因此如何提高出光效率是深紫外 AlN - LED 的一个研究热点。

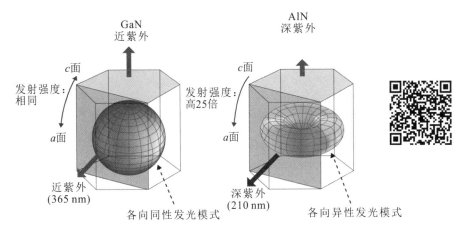

图 1.8　GaN 和 AlN 的发光性质[24]

AlN 与 GaN 的晶体结构类似，但是能带结构却差别较大，最显著的差异是晶场分裂在 AlN 上是负值（−219 meV），而在 GaN 上是正值（38 meV）。这是因为 AlN 具有更大的离子性，其 c/a 为 1.601，比 GaN 的 1.626 小，而理想的纤锌矿结构 c/a 为 1.633（四个最相邻的阴离子-阳离子键长相等）。AlN 中如此大的负晶场分裂能导致 AlN 的价带顺序不同于 GaN，二者在晶体场和自旋轨道耦合作用下的价带分裂如图 1.9 所示。对于 AlN 而言，价带以电子跃迁能的升序排列，为 Γ_7、Γ_9、Γ_7；而在 GaN 中，价带顺序则为 Γ_9、Γ_7、Γ_7。

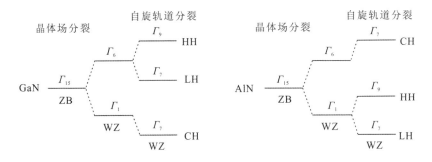

图 1.9　GaN 和 AlN 在晶体场和自旋轨道耦合作用下的价带分裂

图 1.10 是 GaN 和 AlN 的价带能带图。Γ 点附近的光子跃迁以及自由空穴的传输性质主要由顶部能带决定，对于 AlN 而言顶部能带是 Γ_7，对于

GaN 而言顶部能带是 Γ_9。AlN 的顶部 Γ_7 能带在波矢分量 k_z 和 k_x 两个方向上的不对称(见图 1.10(d))导致了电子和空穴在 k_z 和 k_x 两个方向上的辐射复合概率不同。

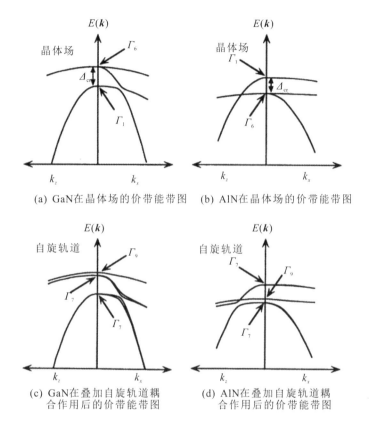

(a) GaN在晶体场的价带能带图　(b) AlN在晶体场的价带能带图

(c) GaN在叠加自旋轨道耦　　(d) AlN在叠加自旋轨道耦
　　合作用后的价带能带图　　　　合作用后的价带能带图

图 1.10　GaN 和 AlN 的价带能带图[25]

　　表 1-8 列出了偏振方向 $E/\!/c$ 轴和偏振方向 $E \perp c$ 轴的光子在六方纤锌矿 AlN 的 Γ 点导带和三个价带之间的偶极子跃迁矩阵元 $I = |\langle \psi_v | P | \psi_c \rangle|^2$($\psi_v$ 和 ψ_c 分别是价带电子和导带电子的量子态,P 为偶极矩)。对于任意偏振方向的光子,其跃迁矩阵元用公式 $I(\theta) = \cos^2\theta I(E/\!/c) + \sin^2\theta I(E \perp c)$ 计算,其中 θ 是 E 与 c 轴之间的夹角。从表 1-8 中可以看出,当 $E \perp c$ 轴时导带电子与顶部 Γ_7 价带空穴之间的复合几乎被禁止,而当 $E/\!/c$ 轴时导带电子与 Γ_9 价带或底部 Γ_7 价带空穴之间的复合几乎被禁止。(注:光波的 E 和 k 是相互垂直的,E 表示光的电场分量,也就是偏振方向)

表 1-8　偏振方向 $E/\!/c$ 轴和偏振方向 $E\perp c$ 轴的光子在六方纤锌矿 AlN 的 Γ 点导带和三个价带之间的偶极子跃迁矩阵元[26]

偏振方向	$I(E/\!/c)$	$I(E\perp c)$
$\Gamma_{7c}\leftrightarrow\Gamma_{7v}$（顶部）	0.4580	0.0004
$\Gamma_{7c}\leftrightarrow\Gamma_{9v}$	0	0.2315
$\Gamma_{7c}\leftrightarrow\Gamma_{7v}$（底部）	0.0007	0.2310

AlN 这种特殊的能带结构，可以通过偏振 PL 来进一步说明。图 1.11 给出了从 $E/\!/c$ 轴和 $E\perp c$ 轴获得的 AlN 的发射光谱，与能带理论相符[26]。

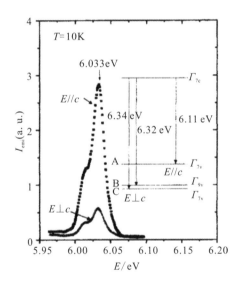

图 1.11　AlN 材料 $E/\!/c$ 轴和 $E\perp c$ 轴的发射光谱

第 2 章

氮化铝单晶材料生长的物理基础

2.1 生长热力学

2.1.1 相图

在一定的温度和压强下，晶体可以生长、分解或者维持质量的动态平衡。相图是表示处于相平衡系统的相态及相组成与系统的温度、压力及总组成之间关系的图形，相图中线条周围的区域代表物质的相，线条代表了两种相达到平衡的位置，线条的交点代表三种及三种以上的相达到平衡的位置。晶体生长是通过控制温度、压力、成分等热力学条件和必要的传热、传质等动力学条件，利用相变原理进行晶体材料制备的技术。一般的晶体生长是指物质从液相或者气相变为固相（即晶体）的过程。

对于近平衡态生长 AlN，如 PVT 生长 AlN 而言，相图可以给出一个热力学允许的生长窗口。从图 2.1 所示的 AlN 晶体生长相图中可以看出，AlN 的第一个三相平衡点在 2040℃、1 bar，第二个三相平衡点在 2830℃、17.4 bar

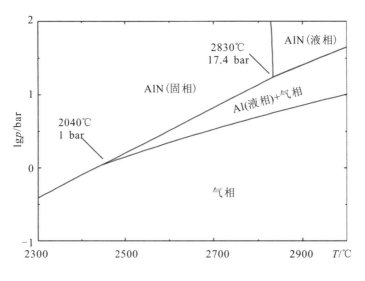

图 2.1　AlN 晶体生长相图[27]

（有些计算结果是 100 bar）。由于利用从液相到固相的相变来实现 AlN 晶体生长需要 2830℃的高温，而这一条件很难实现，因此 AlN 的晶体生长主要利用从气相到固相的相变来实现。AlN 气相和固相的平衡分界线可以延伸到低温区，说明在较低的温度下也可以生长 AlN 单晶，这也是气相外延生长 AlN 的热力学基础。

2.1.2　表面能与晶体形态

一般地，气相和固相（晶体）之间的界面称为表面。完美的晶体具有平移对称性，其周期性结构是无限延伸的。表面是晶体周期性的中断面，它算是晶体的一种面缺陷。表面的存在会使得体系增加额外的能量。

相图的相平衡一般只考虑完美晶体（固相）的化学势 μ_c 与介质（以气相为例）的化学势 μ_v 之间的平衡，即 $\mu_c(p,T)=\mu_v(p,T)$（化学势反映的是不同相之间原子转移的趋势，原子总是从高化学势流向低化学势，这里的化学势是压强 p 和温度 T 的函数）。假设有 ΔN 个分子从气相转移到晶体，系统化学势减少 $\mu_n dN=(\mu_v-\mu_c)dN$，其中 μ_n 为单位分子化学势。同时，设增加的表面能为 γdA，其中 γ 为单位面积的表面能，dA 为表面面积增量。如果 $\mu_n dN>\gamma dA$，那么晶体长大是有利于系统的能量降低的，从而晶体生长可以持续进行，反之晶体则会分解（变成气相或液相）。如果 $\mu_n dN=\gamma dA$，则在相应的表面达到相平衡。

对于晶体不同晶面构成的表面，γ 是不一样的。因此，在特定的热力学条件下，晶体的各个表面会持续生长或者分解直到达到相平衡。对于各向同性的晶体，其平衡的外形是球形。但是，现实中的晶体不可能是各向同性的，晶体的结构都具有一定的对称性，也就是说，某些晶面是等价的，比如 AlN 的 $\{11\bar{2}0\}$ 面族和 $\{1\bar{1}00\}$ 面族。因此，在晶体生长过程中，晶体显露出来的表面（晶面）既反映了它生长时所处的热力学环境，又反映了它的对称性。六方纤锌矿 AlN 的常见晶面参见图 2.2。

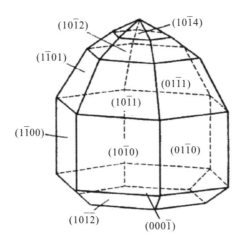

图 2.2　六方纤锌矿 AIN 的常见晶面示意图[28]

2.2　生长动力学

2.2.1　过饱和度与过冷度

根据热力学相图，如果系统（生长）条件(p,T)不在相平衡线上，则

$$\mu_v(p,T) \neq \mu_c(p,T)$$

两相（气相和固相）化学势的差值为

$$\Delta\mu = \mu_v(p,T) - \mu_c(p,T) \qquad (2-1)$$

若 $\Delta\mu > 0$，则发生气相到固相的转化，即晶体成核和生长；若 $\Delta\mu < 0$，则发生固相到气相的转化，即晶体升华。

假设相平衡时压强与温度分别为 p_0、T_0，则有 $\mu_v(p_0,T_0) = \mu_c(p_0,T_0)$。若系统条件$(p,T)$与平衡条件$(p_0,T_0)$的压强差 $\Delta p = p - p_0$ 与温度差 $\Delta T = T - T_0$ 的值都很小，则由式$(2-1)$得

$$\Delta\mu = (\mu_v(p,T) - \mu_v(p_0,T_0)) - (\mu_c(p,T) - \mu_c(p_0,T_0))$$

$$= \int_{p_0}^{p}\left(\frac{\partial\mu_v}{\partial p} - \frac{\partial\mu_c}{\partial p}\right)\mathrm{d}p - \int_{T_0}^{T}\left(\frac{\partial\mu_v}{\partial T} - \frac{\partial\mu_c}{\partial T}\right)\mathrm{d}T$$

$$= \int_{p_0}^{p} (\nu_v - \nu_c) \mathrm{d}p - \int_{T_0}^{T} (s_v - s_c) \mathrm{d}T \tag{2-2}$$

其中，ν_v 和 ν_c 分别为气相和固相的摩尔体积，s_v 和 s_c 分别为气相和固相的摩尔熵。

系统条件 (p, T) 与平衡条件 (p_0, T_0) 的压强差 Δp 称为过饱和度，温度差 ΔT 称为过冷度。

恒温条件下：

$$
\begin{aligned}
\Delta \mu &= \mu_v(p) - \mu_c(p) \\
&= (\mu_v(p) - \mu_v(p_0)) - (\mu_c(p) - \mu_c(p_0)) \\
&= \int_{p_0}^{p} \left(\frac{\partial \mu_v}{\partial p} - \frac{\partial \mu_c}{\partial p} \right) \mathrm{d}p \\
&= \int_{p_0}^{p} (\nu_v - \nu_c) \mathrm{d}p \approx \int_{p_0}^{p} \nu_v \mathrm{d}p \\
&= \int_{p_0}^{p} \frac{kT}{p} \mathrm{d}p = kT \ln \frac{p}{p_0}
\end{aligned}
\tag{2-3}
$$

此时，若要 $\Delta \mu > 0$，则需要 $p > p_0$，即过饱和度 $\Delta p > 0$。

恒压条件下：

$$
\begin{aligned}
\Delta \mu &= \mu_v(T) - \mu_c(T) \\
&= (\mu_v(T) - \mu_v(T_0)) - (\mu_c(T) - \mu_c(T_0)) \\
&= -\int_{T_0}^{T} \left(\frac{\partial \mu_v}{\partial T} - \frac{\partial \mu_c}{\partial T} \right) \mathrm{d}T \\
&= -\int_{T_0}^{T} (s_v - s_c) \mathrm{d}T = -\int_{T_0}^{T} \Delta s \mathrm{d}T \\
&= -\Delta s(T - T_0) = \frac{\Delta H \Delta T}{T_0}
\end{aligned}
\tag{2-4}
$$

其中，$\Delta H = -\Delta s T_0$ 是在温度 T_0 下的焓变。此时若要 $\Delta \mu > 0$，则需要 $T < T_0$，即过冷度 $\Delta T < 0$。

2.2.2　成核

（吉布斯）自由能增量 $\Delta G = -s \Delta T + \nu \Delta p - \mu_n \Delta N$，其中 μ_n 为单位粒子化学势，ΔN 为相变粒子数。恒温恒压条件下，$\Delta G = -\mu_n \Delta N = -\mu_n V / \Omega = -\Delta \mu$，其中 V 为相变粒子总体积，Ω 为单位粒子体积。

实际晶体成核还要考虑表面能的产生,因此在系统中形成球形晶核的自由能变化量为

$$\Delta G = -\Delta\mu + A\gamma = -\frac{\mu_n V}{\Omega} + A\gamma = -\frac{4}{3}\pi R^3 \frac{\mu_n}{\Omega} + 4\pi R^2 \gamma \qquad (2-5)$$

其中,A 是晶体的表面面积,γ 是单位面积的表面能。自由能变化量存在极大值,如图 2.3 所示,由 $\partial\Delta G/\partial R = 0$ 可得 ΔG 取得极大值时对应的极大值点为

$$R_c = \frac{2\Omega\gamma}{\mu_n} \qquad (2-6)$$

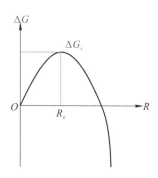

图 2.3　球形晶核自由能增量和其半径的关系

当 $R < R_c$ 时,晶体尺寸缩小有利于体系能量的降低,晶体可能会分解成分子。当 $R = R_c$ 时,体系自由能达到最大值 G_c,这是晶体成核所必须克服的能量势垒,只能靠粒子团簇的粒子数量涨落来实现。当 $R > R_c$ 时,晶体尺寸增加有利于体系能量的降低,晶体可能实现连续长大,这时,每增加 dN 个原子,化学势的变化为 $\mu_n dN$,表面能的变化为 γdA,从而自由能增量 $dG = -\mu_n dN + \gamma dA < 0$,即 $\mu_n dN > \gamma dA$,这与 2.1.2 小节的叙述是一致的。

2.2.3　表面动力学

大部分晶体生长都使用了衬底(包括异质衬底和同质衬底)。衬底表面一般存在台阶,如图 2.4 所示。原子落到台阶(这一过程称为吸附)后通常不是直接与衬底或者已有的晶体成键,而是沿着台阶表面运动一段距离,然后可能发生三种情况:一是原子离开表面又重新回到气体中(这一过程称为脱附);二是原

子运动到台阶边缘，并在台阶边缘与已有的晶体成键，使得台阶能够向前延伸；三是原子运动时碰到另一些在表面运动的原子，原子聚集数量超过临界值，导致二维成核发生。

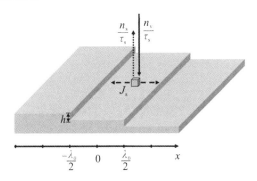

图 2.4　原子在衬底表面的运动[29]

图 2.4 中，吸附原子表面扩散通量为 J_s，表面上的吸附原子密度为 n_s，平均停留时间为 τ_s，单位时间从气相到表面的吸附原子数量为 n_v/τ_s，单位时间从表面到气相的吸附原子数量为 n_s/τ_s，台阶宽度和高度分别为 λ_0 和 h。

根据爱因斯坦的关系式，吸附原子表面扩散长度为

$$\lambda_s = \sqrt{D_s \tau_s} = \lambda_e e^{\frac{E_{ad} - E_d}{2k_B T}} \tag{2-7}$$

其中，D_s 为表面扩散系数，λ_e 为表面上的有效单位跳跃距离或两个相邻晶格位置之间的距离，E_{ad} 为吸附能，E_d 为扩散势垒。

假设在没有成核的情况下，表面吸附原子全部沿 x 方向扩散到台阶边缘。如果台阶边缘捕获吸附原子的概率为 1，则可用以下连续性方程式描述系统：

$$\frac{\partial J_s(x)}{\partial x} = \frac{n_v - n_s(x)}{\tau_s} \tag{2-8}$$

由于表面扩散通量 J_s 与原子密度 n_s 的梯度成正比，即

$$J_s(x) = -D_s \frac{d n_s(x)}{dx} \tag{2-9}$$

因此

$$-D_s \frac{\partial^2 n_s(x)}{\partial x^2} = \frac{n_v - n_s(x)}{\tau_s} \tag{2-10}$$

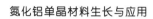

即

$$\lambda_s^2 \frac{\partial^2 n_s(x)}{\partial x^2} + n_v - n_s(x) = 0 \qquad (2-11)$$

式(2-11)中的 $n_s(x)$ 是与位置 x 有关的量,其表达式为

$$n_s(x) = n_v + (n_{s0} - n_v) \frac{\cosh \dfrac{x}{\lambda_s}}{\cosh \dfrac{\lambda_0}{2\lambda_s}} \qquad (2-12)$$

其中 n_{s0} 是台阶边缘处原子的平衡密度(即大于这一密度,台阶生长;小于这一密度,台阶分解)。

台阶台面上任一点处的过饱和度为

$$\sigma_s(x) = \frac{n_s(x) - n_{s0}}{n_{s0}} = \frac{n_v - n_{s0}}{n_{s0}} \left(1 - \frac{\cosh \dfrac{x}{\lambda_s}}{\cosh \dfrac{\lambda_0}{2\lambda_s}} \right) = \sigma_0 \left(1 - \frac{\cosh \dfrac{x}{\lambda_s}}{\cosh \dfrac{\lambda_0}{2\lambda_s}} \right) \quad (2-13)$$

其中,σ_0 是台阶边缘处的过饱和度(对应 $x = \lambda_0/2$)。

利用气相外延法生长 AlN,一般选择富 N 区间,从而晶体的生长速率受限于 Al(吸附)原子的数量。不考虑 Al 源质量输运过程的损失,假设输入的 Al 源分压为 p_{Al},达到热力学平衡状态时 Al 源分压为 p_{Al}^0,则

$$\sigma_0 = \frac{p_{Al} - p_{Al}^0}{p_{Al}^0} \qquad (2-14)$$

在台阶上,吸附原子密度最低的位置是每个台阶的边缘处(对应 $x = \lambda_0/2$),吸附原子密度最高的位置是每个台阶的中心位置(对应 $x = 0$),即

$$\sigma_{s,\max}(x) = \sigma_0 \left(1 - \frac{1}{\cosh \dfrac{\lambda_0}{2\lambda_s}} \right) \qquad (2-15)$$

$\sigma_{s,\max}(x)$ 的大小与 p_{Al}、λ_0 正相关,与 λ_s 负相关。如果 $\sigma_s(x)$ 超过成核的临界值 $\sigma_{s,2D}(x)$,则台阶上就可能发生二维成核。

图 2.5(a)～(f)显示了在研究中观察到的在本征 AlN 单晶衬底上生长的 AlN 同质外延层的六种主要表面形态。图 2.5(a)给出了 AlN 外延层在正 c 轴(〈0001〉方向)AlN 衬底上的生长情况,由于台阶宽度 λ_0 很大,因此在这些表面上发生了二维成核,并生长形成了三维岛。在制备衬底的时候,可以通过将

衬底表面的法线方向偏离 c 轴一定的角度 α 来获得具有特定高度和宽度的台阶表面($\alpha=$ 高度/宽度，称为衬底的斜切角)。如果衬底表面的法线沿 m 轴($\langle 1\bar{1}00\rangle$ 方向)或 a 轴($\langle 11\bar{2}0\rangle$ 方向)偏离 c 轴一个角度 α，通常称该衬底为 c 偏 m 或者 c 偏 a 角度 α 的衬底。图 2.5(b)为在 c 偏 m 衬底(α 较小)上生长的 AlN 薄膜的表面形貌，所用的衬底表面台阶比图 2.5(a)的更窄，但台阶宽度 λ 还是足够大，因此仍然有利于二维成核。二维核的形状为三角形，具有垂直于 $\langle 1\bar{1}00\rangle$ 方向的边(台阶)，并在相邻双原子层台阶(最基本的台阶，高度为 2.5 Å 或 $c/2$，文献里用 bilayer step 表示)之间旋转了 60°。图 2.5(c)样品所用的斜切角 α 比图2.5(b)的更大，所以其表面由紧密间隔的双原子层台阶(高度为 $c/2$)组成，台阶的宽度更小，没有二维成核。随着斜切角 α 的增大，图 2.5(e)和图 2.5(f)的样品展现出来台阶聚束(多个双原子层台阶聚集，高度为 2.5 Å 或 $c/2$ 的整数倍，文献里用 step-bunch 表示)形貌。与图 2.5(f)中锯齿状台阶边缘相比，图 2.5(e)中的台阶边缘是笔直的，该差异是由取向方向不同引起的。图 2.5(e)和

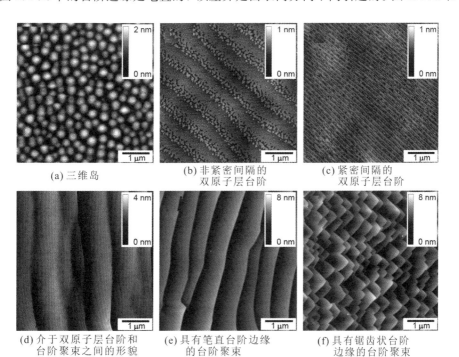

(a) 三维岛　　(b) 非紧密间隔的双原子层台阶　　(c) 紧密间隔的双原子层台阶

(d) 介于双原子层台阶和台阶聚束之间的形貌　　(e) 具有笔直台阶边缘的台阶聚束　　(f) 具有锯齿状台阶边缘的台阶聚束

图 2.5　在本征 AlN 单晶衬底上生长的 AlN 同质外延层的六种主要表面形态[29]

图 2.5(f)中样品衬底斜切角分别朝向⟨1100⟩和⟨1120⟩方向。图 2.5(d)是介于双原子层台阶和台阶聚束之间的一种形貌,文献里称为 meandering step。

图 2.6 给出了在 AlN 薄膜中观察到的不同生长模式之间转换所需过饱和度 σ 和衬底斜切角 α 的变化方向。值得注意的是,除了温度以外,还可以通过许多其他可控制的生长参数(例如 V/Ⅲ比、压强)来改变过饱和度。对于给定的表面斜切角,可以通过降低过饱和度来避免三维岛形成,而去除台阶聚束则需要减小表面扩散长度,这可以通过增加过饱和度来实现。

图 2.6　不同生长模式之间转换所需过饱和度 σ 和

衬底斜切角 α 的变化方向示意图[29]

第 3 章

氮化铝单晶材料的缺陷

从维度上分类，晶体（不限于 AlN 晶体）的常见缺陷可以分为零维的点缺陷、一维的线缺陷、二维的面缺陷和三维的体缺陷。点缺陷一般包括空位、间隙原子和替位原子，而按照缺陷元素是否与母体（晶体）一致，点缺陷又分为本征点缺陷和非本征点缺陷。线缺陷包括螺位错、刃位错和混合位错，位错一般按照伯格斯矢量来命名。面缺陷包括层错和晶界，层错一般根据滑移矢量来命名，晶界一般根据界面特征来命名。体缺陷包括 V 型坑、多晶颗粒、孔洞等，没有统一的命名规则。以上所述内容可参见图 3.1。

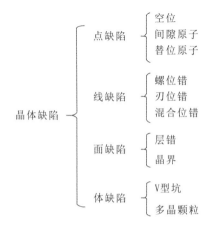

图 3.1　晶体的常见缺陷分类

3.1　点缺陷

3.1.1　本征点缺陷

本征点缺陷主要包括空位和间隙原子，它的产生与原子的热振动有关，因此又称其为热缺陷。只要晶体处在一定的温度环境中，晶体原子的热振动就不可避免，所以本征点缺陷是不可避免的。按照形成方式分类，本征点缺陷又分为弗仑克尔缺陷和肖特基缺陷（见图 3.2）。弗仑克尔缺陷是指晶体内部有一个原子离开晶格形成空位，这个原子进入晶体非晶格位置形成间隙原子，这时空位和间隙原子是成对出现的。肖特基缺陷是晶体表面(界面、位错)附近的原子因热运动到达表面,在原来的晶格位置留下空位而形成的。

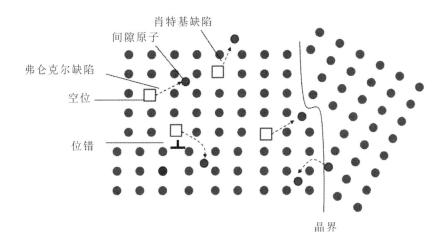

图 3.2　本征点缺陷的形成示意图

3.1.2　非本征点缺陷

非本征点缺陷主要包括间隙原子和替位原子,一般是由故意掺杂或者非故意掺杂引入杂质原子(与母体元素不同)或者同位素原子而形成的。非故意引入的非本征点缺陷,一般称为杂质原子,它们主要来自晶体生长的坩埚材料、反应腔室材料或者气源里的杂质成分等,其浓度可以被控制在一定范围内,但很难被完全去除。故意掺杂引入的非本征点缺陷即掺杂原子,它们是为了改变晶体的物理性质而人为加入的其他元素或者同位素。无论是哪种非本征点缺陷,人们都希望能够对它们的形成进行控制。

通常情况下,我们用第一性原理来计算点缺陷的形成能。但是对于 AlN 材料,相关的研究不是特别多。这里主要描述一下碳(C)掺杂和镁(Mg)掺杂的结果。

图 3.3 是 C 元素掺杂到 AlN 里形成点缺陷的形成能与费米能级的关系图。其中,C_i、C_{Al}、C_N分别是 C 的间隙原子、C 替代 Al 的替位原子、C 替代 N 的替位原子。不同费米能级对应能带不同位置及缺陷价态,价带顶费米能级为

0。从图3.3(a)可以看出，富Al环境下，C_N的形成能很低；从图3.3(b)可以看出，富N环境下，C_N和C_{Al}的形成能都较低。

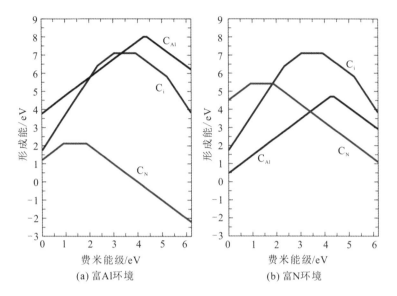

(a) 富Al环境   (b) 富N环境

图3.3　C_i、C_{Al}、C_N的形成能与费米能级的关系[30]

下面详细讨论AlN中C_N杂质的构型，其坐标图如图3.4所示。

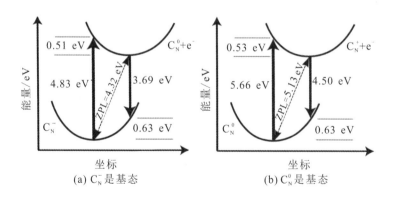

(a) C_N^-是基态   (b) C_N^0是基态

图3.4　AlN中C_N杂质的构型坐标图[30]

在图3.4(a)中，$C_N^0(-/0)$跃迁的吸收能量为4.83 eV，发射峰为3.69 eV（声子辅助跃迁），零声子线为4.32 eV。在图3.4(b)中，$C_N^0(0/+)$跃迁的吸收能量为5.66 eV，发射峰为4.50 eV（声子辅助跃迁），零声子线为5.13 eV。零声子线和发射峰的差值为 0.63 eV，暗示 PL 发光峰会很宽。

　　Mg 掺杂到 AlN 中是为了实现 AlN 的 p 型导电性能。Mg 在 AlN 中理想的位置是替代 Al 原子晶格位置。图 3.5 给出了 Mg 元素掺杂到 AlN 中形成点缺陷的形成能和相关结构。图 3.5(a)是 Mg 受主(Mg$_{Al}$)、H 间隙原子(H$_i$)及 Mg-H 络合物的形成能与费米能级的关系；图 3.5(b)是与 Mg$_{Al}^+$(黄色的等值面为最大值的 5%)的局部空穴状态有关的结构和自旋密度，其中大的蓝色球体表示 Al 原子，中等的浅蓝色球体表示 N 原子，橙色球体表示 Mg$_{Al}$[30]。Mg$_{Al}$是 AlN 中的深受主，其(0/−)跃迁能级为 0.78 eV。空穴在中性电荷状态下位于轴向 N 相邻处，轴向 Mg-N 键长增加 18%。与 GaN 不同的是，在费米能级低于 0.36 eV 时，Mg$_{Al}$还可以稳定在第二个空穴状态 Mg$_{Al}^+$。在图 3.5(b)中，Mg$_{Al}^+$是自旋缺陷中心，其空穴位于两个最邻近的 N 原子上。这些结果表明，对 AlN 和 AlGaN 进行 Mg 的 p 型掺杂要比 GaN 困难得多。掺 Mg 的 AlGaN 合金中的主要 PL 线随 Al 含量的增加而显示出明显的蓝移。

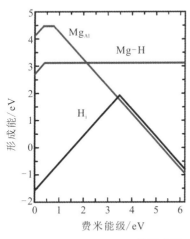

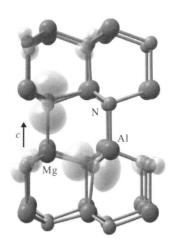

(a) Mg$_{Al}$、H$_i$、Mg-H 的形成能与费米能级的关系

(b) 与 Mg$_{Al}^+$ 的局部空穴状态有关的结构和自旋密度

图 3.5　Mg 元素掺杂到 AlN 中形成点缺陷的形成能和相关结构

3.2 位错

3.2.1 位错的定义和分类

图 3.6 给出了位错的形态和位错滑移系统示意图。图 3.6(a)是位错的形态示意图，其基本结构包括位错线 l 和位错伯格斯矢量（Burgers Vector）$\boldsymbol{b}$。位错可以按照伯格斯矢量 $\boldsymbol{b}$ 来定义。对于 AlN 来说，按照伯格斯矢量 $\boldsymbol{b}$ 可以定义三种位错类型：a 型，$\boldsymbol{b}=\dfrac{1}{3}\langle 11\bar{2}0\rangle$；c 型，$\boldsymbol{b}=\langle 0001\rangle$；a＋c 型，$\boldsymbol{b}=\dfrac{1}{3}\langle 11\bar{2}3\rangle$。

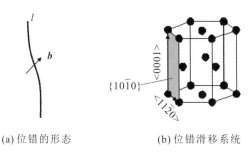

(a) 位错的形态   (b) 位错滑移系统

图 3.6 位错的形态和位错滑移系统示意图

不难发现，伯格斯矢量只定义了位错的滑移方向，而没有包含位错线 l 的信息。某一段位错的切向量 l 和伯格斯矢量 $\boldsymbol{b}$ 的共有晶面就是位错的滑移面。如果 $l\times\boldsymbol{b}\neq 0$，即二者不平行，则滑移面是唯一的；如果 $l\times\boldsymbol{b}=0$，即二者平行，则滑移面不唯一，在数学上这样的平面有无数个，但考虑到晶体的对称性，滑移面的个数是有限的。因此，可以用包含滑移面的滑移系统来描述某根位错。图 3.6(b)通过六方结构来说明滑移系统的定义，即滑移系统＝滑移面＋伯格斯矢量方向，如 $\{10\bar{1}0\}\langle 11\bar{2}0\rangle$。

根据切向量 l 和伯格斯矢量 $\boldsymbol{b}$ 的关系，位错可分为螺位错（$l/\!/\boldsymbol{b}$）、刃位错（$l\perp\boldsymbol{b}$）和混合位错（l 与 $\boldsymbol{b}$ 既不平行也不垂直）；根据与衬底及外延膜的关系，位错又可以分为失配位错和穿透位错。

3.2.2　位错的形成

螺位错和刃位错的原子结构和形成机理在一般的位错理论书籍中都有详尽描述，这里不做过多讨论。下面重点分析一下失配位错和穿透位错的形成。

在异质衬底上外延生长薄膜，假设薄膜的晶格常数为 a_1，衬底的晶格常数为 a_2，如果 $a_1 > a_2$，则薄膜受到的是压应力；如果 $a_1 < a_2$，则薄膜受到的是张应力。我们用 $a_1 > a_2$ 的情形（$a_1 < a_2$ 的情形也同样适用）说明失配位错的产生，如图 3.7 所示。如果薄膜材料与衬底材料之间晶格常数的差距不是很大，刚开始生长时薄膜倾向于与衬底形成共格生长状态，这时，薄膜受到压应力，而衬底受到张应力，如图 3.7(a) 所示。但是由于薄膜很薄，可能只有几个原子层或者几十个原子层，强度比衬底低很多，因此变形主要发生在薄膜，这就是完全弹性变形状态，如图 3.7(b) 所示。随着薄膜厚度的不断增加，薄膜的弹性应变

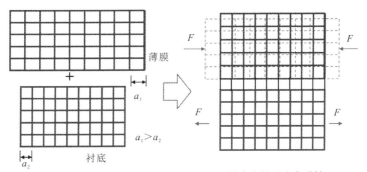

(a) 无应力状态下的衬底与外延膜　　　　(b) 衬底上处于完全弹性
　　　　　　　　　　　　　　　　　　　　变形状态的外延膜

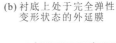
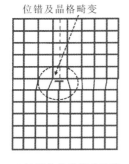
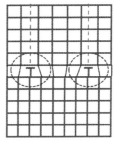

(c) 衬底上处于部分弛豫　　　　　(d) 衬底上处于完全弛豫
　　状态的外延膜　　　　　　　　　状态的外延膜

图 3.7　衬底与外延膜的关系

能也在不断累积，最终超过临界值，导致失配位错的产生，如图 3.7(c)和图
3.7(d)所示。薄膜产生失配位错时的厚度称为临界厚度。对于部分弛豫情形，
$E_{晶体弹性能}＝E_{位错能}＋E_{残余晶体弹性能}$，其中 $E_{位错能}＝E_{位错核}＋E_{位错弹性能}$，$E_{位错核}$ 属于内
能或者化学能。部分的晶体弹性应变能转变成位错能（其中一部分是化学能）有
利于体系整体自由能的降低，但一般来说，晶体弹性应变能不会全部转化为位
错能，即部分弛豫是常见的状态。在一些情形下，残余的晶体弹性应变能小到
可以忽略不计，此时我们可以认为薄膜达到完全弛豫状态。

具体到某种晶体，如 AlN，失配位错滑移系统的理论计算会比图 3.7 的模
型更复杂。因为晶体存在对称性，在特定的应力状态下，其位错滑移系统是十
分有限的。为了较为系统地描述异质外延薄膜的位错力学理论，我们有必要从
单轴应力情形开始，然后过渡到异质外延薄膜的双轴应力情形，从而建立一个
普适的位错动力学模型。当然也可以用这个模型来分析三维应力情形，前提是
可以获得三维应力的应力矩阵。

先看单轴应力情形，如图 3.8 所示。

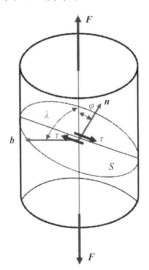

图 3.8 单轴应力模型

假设 F 是施加在圆柱体上的外力，S 是圆柱体的任意一个滑移面（不一定
与轴垂直）的面积，则作用在该滑移面的正应力为

$$\sigma=\frac{F}{S/\cos\varphi}$$

(3-1)

作用在该横截面的剪切应力为

$$\tau = \frac{F}{S/\cos\varphi}\cos\lambda = \frac{F}{S}\cos\lambda\cos\varphi \qquad (3-2)$$

其中，λ 是位错伯格斯矢量的方向与圆柱体轴向的夹角，φ 是圆柱体轴向与滑移面法线方向的夹角。滑移面位错可以运动的必要条件是 $\tau \neq 0$，根据式(3-2)，得 $\lambda \neq 0$ 且 $\varphi \neq 0$。这就是说，位错的滑移面不可能垂直于或者平行于外力方向。这个结论对于双轴应力情形也同样适用。

异质外延薄膜的应力状态可以用双轴应力模型描述，如图 3.9 所示。失配位错可能有两种形成方式：一是衬底的穿透位错向上延伸到薄膜，经过界面时沿界面滑移一段，形成失配位错(图 3.9 右边情形)；二是薄膜达到临界厚度，此时表面某处有缺陷的地方容易出现应力集中的情况，位错(环)最有可能在该处成核，然后沿滑移面滑到界面，形成失配位错(图 3.9 左边情形)。

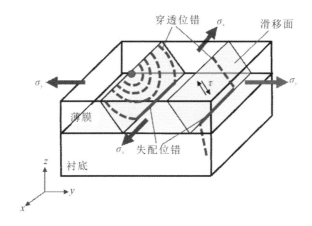

图 3.9　双轴应力模型

实际上，位错的滑移系可以通过位错力学理论模型进行计算。

如图 3.10 所示，晶体中的位错受到三种力的作用，一是外力 $\boldsymbol{F}_e$，二是位错线的张力 $\boldsymbol{F}_l$（与前面所说的 $E_{位错弹性能}$ 相关），三是位错滑移受到的摩擦力(Peierls force)$\boldsymbol{F}_p$。三者的计算公式如下：

$$\begin{cases} F_e = \tau_e b \, \mathrm{d}l \\ F_l = \tau_l b \, \mathrm{d}l \approx A \, \mathrm{d}\theta = A\dfrac{\mathrm{d}l}{R_0} \\ F_p = \tau_p b \, \mathrm{d}l \end{cases} \qquad (3-3)$$

其中，$\mathrm{d}\theta$ 和 R_0 的定义见图 3.10，$\mathrm{d}l$ 为单位长度（矢量）位错线，$\boldsymbol{b}$ 为位错伯格斯矢量，$\boldsymbol{\tau}_e$、$\boldsymbol{A}$、$\boldsymbol{\tau}_p$ 分别为剪切应力、位错线的线张量、Peierls 剪切应力，它们的定义式如下：

$$\begin{cases} \tau_e = \dfrac{F}{S} \times \cos\lambda \times \cos\varphi \\[2mm] A = \dfrac{Gb^2(1-\nu\cos^2\theta)}{4\pi(1-\nu)}\ln\dfrac{R}{b} \\[2mm] \tau_p = 2G\left(\dfrac{1-\nu\cos^2\alpha}{1-\nu}\right)\omega \times \exp\left[\dfrac{-2\pi\mathrm{d}(1-\nu\cos^2\alpha)\omega}{(1-\nu)b}\right] \end{cases} \quad (3-4)$$

其中，F、S、λ、φ 的定义和图 3.8 中的类似，G 为晶体剪切弹性模量，ν 为泊松比，α 是位错线与伯格斯矢量之间的夹角，$\omega = \exp\left(\dfrac{4\pi^2 n_0 kT}{5GV}\right)$ 是与材料有关的常数（n_0 为晶胞中的原子数，V 为晶胞体积，T 为温度，k 为玻尔兹曼常数）[31]。

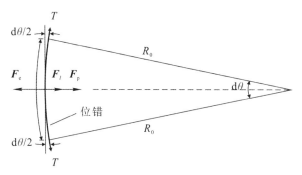

图 3.10　位错受力分析

实际上，式（3-4）中 τ_e 的计算公式适用于单轴应力情形，对于双轴或者更为复杂的三维应力情形，需要用更为普适的应力矩阵进行计算。对于单位法线向量为 $\boldsymbol{n}$ 的任意截面，作用于其上的沿 $\boldsymbol{s}$ 方向的剪切应力为

$$\tau_e = \boldsymbol{n} \cdot \boldsymbol{\sigma} \cdot \boldsymbol{s} \quad (3-5)$$

其中

$$\boldsymbol{\sigma} = \begin{bmatrix} \sigma_{xx} & \sigma_{xy} & \sigma_{xz} \\ \sigma_{yx} & \sigma_{yy} & \sigma_{yz} \\ \sigma_{zx} & \sigma_{zy} & \sigma_{zz} \end{bmatrix} \quad (3-6)$$

为应力矩阵，用来描述晶体的应力状态。

根据双层膜模型，衬底厚度远远大于薄膜厚度，从而可忽略衬底的变形，使晶格失配完全在薄膜中协调，这是典型的弹性力学中的平面应力情形。平面应力下的应力矩阵元满足：$\sigma_{zz}=\sigma_{zx}=\sigma_{zy}=\sigma_{xz}=\sigma_{yz}=0$，则应力矩阵（3-6）可以改写成

$$\boldsymbol{\sigma}=\begin{bmatrix} \sigma_{xx} & \sigma_{xy} & 0 \\ \sigma_{yx} & \sigma_{yy} & 0 \\ 0 & 0 & 0 \end{bmatrix} \tag{3-7}$$

若对三种力在位错伯格斯矢量方向进行受力平衡分析，则 $F_e > F_p + F_l$ 或者 $\tau_e > \tau_p + \tau_l$ 是位错运动的必要条件，但不是充分条件。如果要计算在已知外力条件下位错的滑移系统，则需要对所有可能的滑移系统进行比较，临界应力 τ_{e0}（$\tau_{e0} = \tau_p + \tau_l$，$\tau_p$ 和 τ_l 与滑移系统相关）最小的滑移系统为位错的滑移系统，具体的计算例子可以参考文献[31]。

对于六方结构晶体，如 AlN，其主要的位错滑移系统如图 3.11 所示。

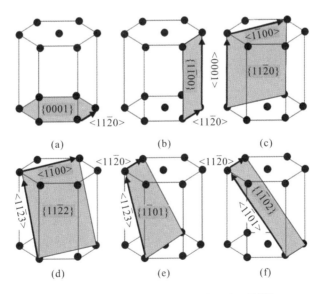

图 3.11　六方结构晶体的位错滑移系统[31]

在双轴应力状态下，异质外延的六方结构晶体薄膜的失配位错滑移系统的具体计算过程可以参考文献[31]。对于 GaN 和 AlN，虽然具体的参数有所不

同,但它们关于(0001)面的薄膜失配位错的滑移系统都是$\{11\bar{2}2\}\langle11\bar{2}3\rangle$,如图3.11(d)所示。

(0001)面AlN薄膜的失配位错属于a+c型,而(0001)面AlN薄膜的穿透位错则包含三种类型:a型、c型和a+c型,它们的滑移面都是$\{1\bar{1}00\}$面。根据公式(3-5)和(3-7)计算,得双轴应力情形下$\{1\bar{1}00\}$面的剪切应力$\tau_e=0$,不满足位错运动的必要条件,所以理论上穿透位错不是由双轴应力直接引起的。

氮化物(AlN、GaN、InN)穿透位错的形成机制在理论上和实验上都有大量的研究,学术界普遍认为穿透位错起源于薄膜生长初期阶段的岛合并过程,如图3.12(a)所示。两个岛合并过程中,如果有少量的扭转(绕[0001]轴旋转)晶向差,就会导致$\{1\bar{1}00\}$晶面的剪切应力$\tau^*\approx2\theta\sigma\neq0$,当$\tau^*$足够大时,a型位错($\boldsymbol{b}=\frac{1}{3}\langle11\bar{2}0\rangle$)就有可能成核,并沿$\{1\bar{1}00\}$面滑移,如图3.12(b)、(c)所示;如果有少量的倾转(与正[0001]轴有偏角)晶向差,就会导致$\{1\bar{1}00\}$晶面的剪切应力$\tau^*\approx2\phi\sigma\neq0$,当$\tau^*$足够大时,c型位错($\boldsymbol{b}=\langle0001\rangle$)就有可能成核,如图3.12(d)、(e)所示。

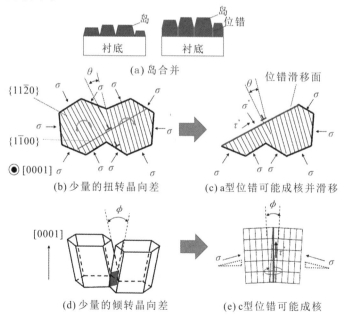

(a) 岛合并

(b) 少量的扭转晶向差   (c) a型位错可能成核并滑移

(d) 少量的倾转晶向差   (e) c型位错可能成核

图3.12 六方结构晶体穿透位错的形成机制示意图

3.2.3　镜像力与位错的运动

在 3.2.2 节中已经讲过，(0001)面 AlN 的穿透位错的滑移面为{1$\bar{1}$00}，在双轴应力情形下这个滑移面上的剪切应力为 0，所以双轴应力(即晶格失配应力)既不可能直接导致位错产生，也不可能引起位错滑移。但实际上，AlN 薄膜的位错并不总是直的(见图 3.13)，那么必然有一种外力使得位错发生了弯曲，这种外力就是晶体表面与位错之间的相互作用力，位错理论中称之为镜像力(靠近晶体某个自由表面的位错受到该表面的吸引力，等同于它受到以该表面为镜面反射对称的"镜像位错"的吸引力)。

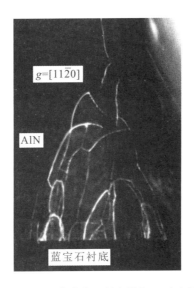

图 3.13　AlN 薄膜的透射电镜(TEM)暗场像

在 AlN 薄膜生长过程中，有意地调控薄膜的生长模式，利用镜像力的作用使得位错弯曲，可以增加位错相遇和湮灭的机会。图 3.14 给出了在岛生长模式和台阶聚束生长模式中位错在表面镜像力作用下弯曲的示意图。

图 3.15 是岛生长 AlN 的透射电镜双束衍射暗场像，样品是用 HVPE 法生长的。位错线随着岛的长大而弯曲，部分位错随着岛的相遇而合并。随着岛合并完成，位错失去了使其侧向弯曲的镜像力，从而倾向于垂直表面延伸，如图 3.16 所示。

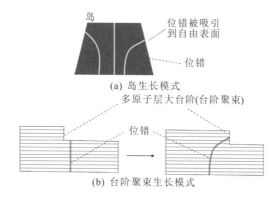

图 3.14 位错在表面镜像力作用下弯曲示意图

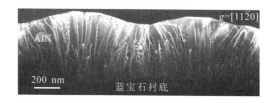

图 3.15 岛生长 AlN 的透射电镜双束衍射暗场像

图 3.16 岛合并完成后 AlN 的透射电镜双束衍射暗场像

在有斜切角的衬底上生长 AlN，可以获得台阶聚束生长模式的 AlN 薄膜。台阶聚束能使位错侧向弯曲，从而增加位错相遇和相互作用的概率，降低穿透位错的密度。如图 3.17 的 TEM 图像所示，AlN 样品是生长在斜切角为 2° 的蓝宝石衬底上的。从图 3.17(a) 的截面 TEM 衍衬像中可以看出，大台阶的镜像力将位错聚集在台阶边缘，位错不断相互作用、合并，并随着台阶的运动而侧向运动。从图 3.17(b)的平面 TEM 形貌(晶带轴＝[0001])中可以看出，位错聚集到台阶边缘，台阶台面几乎没有位错。

箭头指向为大台阶

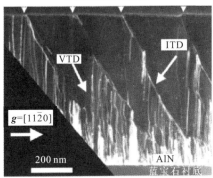

(a) 截面TEM衍衬像

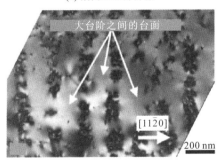

(b) 平面TEM形貌
(晶带轴=[0001])

图 3.17　在斜切角为 2°的蓝宝石衬底上生长的 AlN 的 TEM 图像[32]

侧向外延与岛生长相似，但又有些不同。同为Ⅲ-Ⅴ族氮化物，GaN 的侧向生长速率要远远高于 AlN，而且 GaN 侧向外延可以用 SiO_2、SiN 掩膜，AlN 侧向外延却没有合适的掩膜材料，只能采用图形衬底无掩膜生长。图 3.18 是在纳米图形蓝宝石衬底上用 MOCVD 法生长的 AlN 薄膜的扫描透射电镜(STEM)双束截面明场像，其中(a)、(b)的衍射矢量分别为 $g=[0002]$、$g=[11\bar{2}0]$，(c)～(e)是(b)中三个典型区域的放大 STEM 图像。在这种条件下形成的 AlN 外延层的穿透位错的三个主要演化过程如图 3.19 所示，其中，A 过程穿透位错保持垂直界面向上延伸，直到表面；B 过程穿透位错靠近 AlN 侧向外延合并形成的孔洞，被孔洞自由表面吸引，终止于该表面；C 过程新的穿透位错在 AlN 侧向外延合并后产生。通过调节衬底的图形结构、周期，以及外延生长条件等，可以增加参与 B 过程的穿透位错，减少 C 过程产生的穿透位错，从而降低外延膜整体的位错密度。

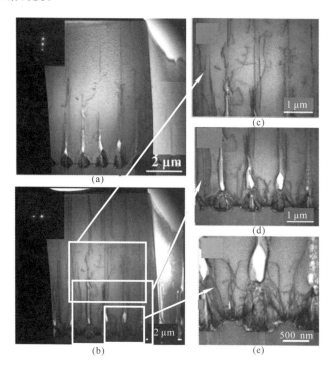

图 3.18 在纳米图形蓝宝石衬底上生长的 AlN 薄膜的 STEM 双束截面明场像[33]

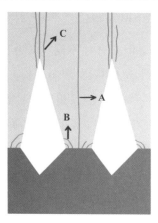

图 3.19 在纳米图形蓝宝石衬底上生长的 AlN 外延层穿透位错的三个主要演化过程[33]

3.2.4　位错的合并规律

位错相遇并不一定就能合并或者湮灭，位错合并还需要满足能量原则，即总的位错弹性自由能降低。因为 $E_{位错能}=E_{位错核}+E_{位错弹性能}$，而位错弹性能正比于位错伯格斯矢量的平方，所以可以根据位错矢量的几何关系和矢量和的余弦定理来分析位错合并是否可以进行。

假设两根位错的伯格斯矢量分别为 a_1 和 a_2，这两根位错合并后变成另一根位错，其伯格斯矢量为 a_3，那么这三个位错矢量的几何关系如图 3.20 所示。

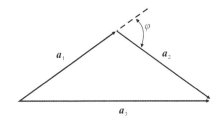

图 3.20　位错矢量的几何关系

根据矢量和的余弦定理，有

$$a_3^2=a_1^2+a_2^2-2a_1a_2\cos(\pi-\varphi) \tag{3-8}$$

当 $\dfrac{\pi}{2}<\varphi\leqslant\pi$ 时，

$$a_3^2<a_1^2+a_2^2 \tag{3-9}$$

位错合并后自由能(弹性能)降低，a_1 和 a_2 的合并可以进行。

当 $0\leqslant\varphi<\dfrac{\pi}{2}$ 时，

$$a_3^2>a_1^2+a_2^2 \tag{3-10}$$

位错合并后自由能(弹性能)增加，a_1 和 a_2 的合并不能进行。

当 $\varphi=\dfrac{\pi}{2}$ 时，

$$a_3^2=a_1^2+a_2^2 \tag{3-11}$$

位错合并后自由能(弹性能)不变，a_1 和 a_2 可以合并成 a_3，但 a_3 也可以分解成 a_1 和 a_2。

下面讨论 AlN 的三类位错的合并规律。a 型($\boldsymbol{b}=\frac{1}{3}\langle11\bar{2}0\rangle$）和 c 型（$\boldsymbol{b}=$ $\langle0001\rangle$）合并成 a＋c 型（$\boldsymbol{b}=\frac{1}{3}\langle11\bar{2}3\rangle$）对应的是式（3－11）的情形。由于 a＋c 型可以分解成 a 型和 c 型，因此不用单独对其进行分析，而只要分析 a 型和 c 型即可。c 型有 $\boldsymbol{b}=\pm[0001]$ 两种位错，两两合并时符号相反则湮灭，符号相同则不能进行。a 型有 $\boldsymbol{b}=\pm\frac{1}{3}[11\bar{2}0]$、$\boldsymbol{b}=\pm\frac{1}{3}[1\bar{2}10]$、$\boldsymbol{b}=\pm\frac{1}{3}[\bar{2}110]$ 六种位错，两两合并的结果可以用式（3－9）和式（3－10）进行判断。

根据位错的起源和滑移面，可以将晶体中穿透位错的合并方式分为四种，如图 3.21 所示。图 3.21(a)是同一起源的穿透位错，如图中的 $\boldsymbol{b}_1$ 和 $\boldsymbol{b}_2$，它们是同一根位错（环）的两端形成的穿透位错，位于同一滑移面且符号相反，可以通过滑移湮灭。图 3.21(b)是同一滑移面、不同起源的穿透位错，如果它们的位错伯格斯矢量符号相反，那么它们也可以通过滑移湮灭。图 3.21(c)是不同起源的穿透位错，不在同一滑移面，但滑移面彼此平行，如果它们的位错伯格斯矢量符号相反，则它们需要通过交滑移或者攀移到同一滑移面后才能湮灭。图 3.21(d)是不同起源的穿透位错，不在同一滑移面，但滑移面彼此相交，此时它们的位错伯格斯矢量符号不可能相反，因此需要根据图 3.20 及式（3－8）、式（3－9）、式（3－10）判断位错合并是否可以进行。对于(0001)面的 AlN 薄膜，

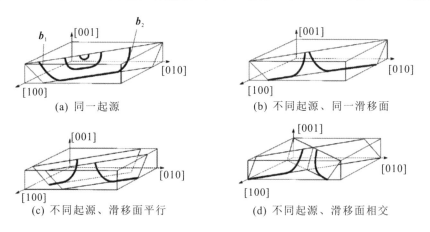

(a) 同一起源 (b) 不同起源、同一滑移面

(c) 不同起源、滑移面平行 (d) 不同起源、滑移面相交

图 3.21　晶体中穿透位错的四种合并方式[34]

其主要的穿透位错类型是 a 型，位错合并与湮灭的主要方式尚未完全弄清楚，需要进一步深入研究。

3.2.5　位错攀移

前面讲的位错运动是滑移运动，另一种重要的位错运动是攀移运动。位错攀移在 AlGaN 材料中比较常见。在 AlN 的生长初期，许多位错经常相互作用形成长环，位错在薄膜生长的最初 1 μm 范围内大量合并而导致其密度快速降低。之后，位错合并概率率快速下降，在薄膜厚度达到 1.9 μm 之后，AlN 中的位错几乎是垂直的，这使得位错难以继续湮灭。但是，在 AlN 薄膜上继续生长 $Al_{0.61}Ga_{0.39}N$ 层后，位错在二者的界面处发生倾斜，大多数位错平均倾斜 19°，如图 3.22 所示。

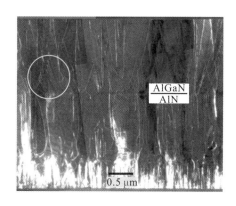

图 3.22　AlN/AlGaN 异质结构的 TEM 弱束暗场像[35]

更多的研究表明，AlGaN 材料的位错倾斜与薄膜的应力状态有关。图 3.23 中样品结构是在 AlN 单晶衬底上先生长了 $Al_xGa_{1-x}N$ 超晶格，然后再生长的 1 μm $Al_{0.5}Ga_{0.5}N$ 薄膜。通过对 $Al_xGa_{1-x}N$ 超晶格的调制，可以得到 $Al_{0.5}Ga_{0.5}N$ 薄膜的不同应力状态。图 3.23(a) 和图 3.23(b) 样品的应变弛豫度分别为 8.6% 和 100%，对应的最大位错倾斜角分别为 60° 和 20°，因此有研究认为生长应变很可能是位错倾斜的驱动力，但是应变弛豫度为 100% 的样品依然有 20° 的位错倾斜角，说明薄膜应变与位错倾斜并非直接关联。此外，应变弛豫度分别为 8.6% 和 100% 的样品，对应的表面均方根粗糙度分别为 23 nm 和 4 nm 左右，这表明应变弛豫度和表面均方根粗糙度具有反比关系。

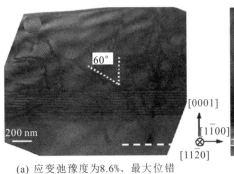

(a) 应变弛豫度为8.6%、最大位错
倾斜角为60°

(b) 应变弛豫度为100%、最大位错
倾斜角为20°

图 3.23　在 AlN 单晶衬底上生长出 $Al_xGa_{1-x}N$ 超晶格后再生长的

$1\mu m\ Al_{0.5}Ga_{0.5}N$ 薄膜的截面 TEM 图像[36]

观察平面 TEM 图像可知，AlGaN 的位错沿⟨$1\bar{1}00$⟩方向倾斜，所以该位错运动是一种攀移运动，如图 3.24(a)所示。倾斜的位错线投影到(0001)面上，其在(0001)面的分量等同于失配位错，可以起到弛豫薄膜失配应变的作用，如图 3.24(b)所示。对于应变更大的薄膜，位错倾斜角的增加(等同于位错线在(0001)面分量的增加)将更有利于应变的弛豫。

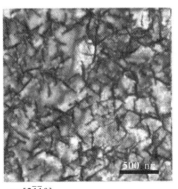

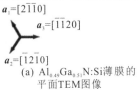

$a_1=[2\bar{1}\bar{1}0]$

$a_3=[\bar{1}\bar{1}20]$

$a_2=[\bar{1}2\bar{1}0]$

(a) $Al_{0.49}Ga_{0.51}N$:Si薄膜的
平面TEM图像

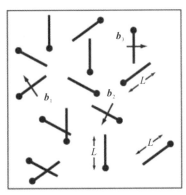

(b) 位错线投影长度、伯格斯矢量
示意图

图 3.24　$Al_{0.49}Ga_{0.51}N$：Si 薄膜的平面图像分析[37]

另外，研究还表明，Si 原子掺杂会增加 AlGaN 薄膜的表面粗糙度，同时也会增加位错的倾斜角度，如图 3.25 所示，其中：图 3.25(a)是 Si 掺杂量为 $Si/(Al+Ga)=7.1\times10^{-5}$ 的 $Al_{0.49}Ga_{0.51}N$ 样品的 TEM 弱束暗场像，$\boldsymbol{g}=[11\bar{2}0]$，投影倾斜角为 $\alpha_p=15°$，实际倾斜角为 $\alpha_p=17.2°$；图 3.25(b)是 Si 掺杂量为 $Si/(Al+Ga)=4.9\times10^{-4}$ 的 $Al_{0.49}Ga_{0.51}N$ 样品的 TEM 弱束暗场像，$\boldsymbol{g}=[11\bar{2}0]$，投影倾斜角为 $\alpha_p=20°$，实际倾斜角为 $\alpha_p=22.8°$。

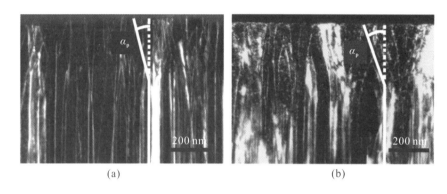

(a)　　　　　　　　　　　　　　　(b)

图 3.25　掺杂 Si 原子的 $Al_{0.49}Ga_{0.51}N$ 应力薄膜上倾斜的穿透位错示意图[37]

　　根据传统的位错攀移理论，位错的攀移发生在晶体内部，需要空位或者间隙原子辅助。但是对于 AlGaN 材料而言，其生长温度还不足以提供足够的空位或者间隙原子。所以，另一个合理的解释是 AlGaN 材料位错的攀移发生在薄膜的生长表面。AlGaN 材料里倾斜的位错线宏观上可以看作沿[0001]方向的线段，这些线段之间被割阶所连接，形态和楼梯相似，如图 3.26 所示(图中灰色阴影部分是由倾斜穿透位错产生的额外($2\bar{1}\bar{1}0$)半原子面，虚线表示穿透位错的平均倾斜度；图中画出了在薄膜生长过程中向右传播的表面台阶和附着在位错终端的表面空位)。当位错与自由表面相交时，位错割阶就在位错线附近产生，从而导致位错倾斜。这种位错运动方式可以描述为"表面介导攀移"，其中表面空位附着于位错核的终端。位错在表面露头的位置不容易吸附原子，这与Ⅲ族氮化物的生长表面常常可以观察到位错坑一致。如果表面的台阶生长扫过位错坑(表面空位)而没有填平它，一个位错割阶就形成，同时刃位错的半原子面就收缩一个单位长度。

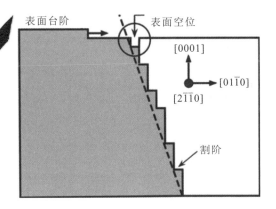

图 3.26　AlGaN 晶体中位错的"表面介导攀移"运动示意图[35]

3.3　层错与晶界

AlN 的层错是由原子在 [0001] 方向上的堆垛发生变化引起的，所以又叫作堆垛层错。图 3.27 给出了 AlN 晶体结构的堆垛方式和层错示意图。图 3.27(a)

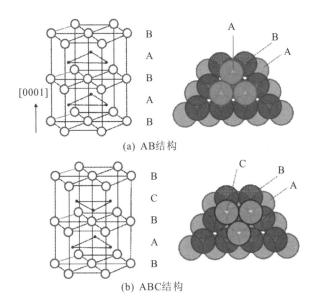

(a) AB结构

(b) ABC结构

图 3.27　AlN 晶体结构的堆垛方式和层错示意图

是完美的 AlN 晶体结构的堆垛方式，A 和 B 代表不同的原子层（因为 AlN 是双原子分子，所以一对上、下相连的 Al-N 原子为一层）。图 3.27(b) 中，AlN 晶体结构的堆垛方式发生了变化，即晶体中出现了 C 原子层，它就是层错。事实上，ABC 这种结构是立方相 AlN 中沿 [111] 方向的原子堆垛方式，它也是稳定的。

层错分为基面层错和柱面层错，按照堆垛次序，基面层错又可以进一步分类，AlN 的四种类型的基面层错如图 3.28 所示（虽然引用的是 GaN 的文献，但是 AlN 也同样适用）。如果层错发生在 {11$\bar{2}$0} 面，就会形成柱面层错，其结构如图 3.29 所示。柱面层错的端面为基面层错。

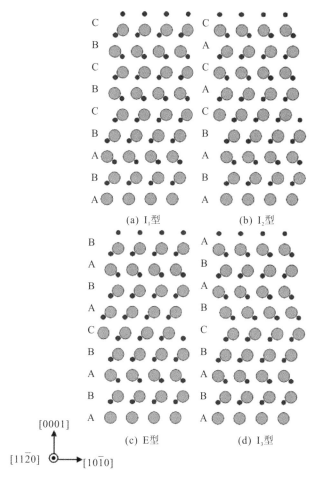

(a) I₁型　　(b) I₂型

(c) E型　　(d) I₃型

[0001]
[11$\bar{2}$0]　[10$\bar{1}$0]

图 3.28　AlN 的四种类型的基面层错[38]

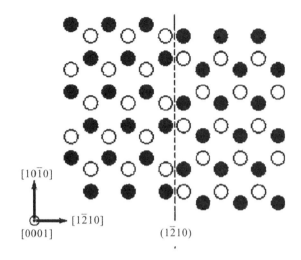

图 3.29　AlN 的柱面层错（实心和空心圆圈分别代表不同的原子层）[38]

　　层错在非(0001)面，如非极性面($\{11\bar{2}0\}$、$\{1\bar{1}00\}$面等)，或者半极性面
($\{11\bar{2}2\}$、$\{20\bar{2}1\}$、$\{10\bar{1}1\}$面等)生长的 AlN 中比较常见。这是因为以非极性面
或者半极性面为生长表面时，失配应力在 AlN 的$\{0001\}$面或者$\{11\bar{2}0\}$面存在
剪切应力分量，这就为产生基面((0001)面)层错和柱面($(11\bar{2}0)$面)层错提供了
驱动力。

　　层错的边界是不全位错，根据不全位错的消光规律可以在透射电镜下辨
别层错类型，如表 3-1 所示。注意：虽然 R 和 b 的值是一样的，但是它们代
表的含义却不一样，R 代表整个层错的滑移，b 代表层错边缘（即不全位错）
的滑移。

表 3-1　层错的滑移矢量、不全位错的伯格斯矢量以及消光规律[39]

堆垛层错		$g \cdot R$	
类型	R	$g=[01\bar{1}0]$	$g=[0002]$
I_1	$\frac{1}{6}[20\bar{2}3]$	$\frac{1}{3}$	1
I_2	$\frac{1}{3}[10\bar{1}0]$	$\frac{1}{3}$	0
E	$\frac{1}{2}[0001]$	0	1

续表

局部位错		$g \cdot b$	
类型	b	$g=[01\bar{1}0]$	$g=[0002]$
弗兰克-肖克莱型 I_1	$\frac{1}{6}[20\bar{2}3]$	$\frac{1}{3}$	1
肖克莱型 I_2	$\frac{1}{3}[10\bar{1}0]$	$\frac{1}{3}$	0
弗兰克型 E	$\frac{1}{2}[0001]$	0	1

利用 HVPE 法和 PVT 法生长 AlN 晶体，晶界是比层错更常见的结构缺陷。晶界的构成很复杂，在金属材料里研究得比较多，在半导体材料里研究得比较少，在 AlN 材料里更是鲜有研究。这里只简单介绍一种特殊的晶体结构——孪晶。

按照形成方式分类，孪晶可分为形变孪晶、退火孪晶和生长孪晶，其中形变孪晶和退火孪晶的形成可以用层错滑移来解释，而生长孪晶的形成则与晶体生长过程密切相关。

如图 3.30 所示，孪晶有两种晶界，一种是共格晶界，另一种是非共格晶界。共格晶界两侧的晶体结构以该晶界为镜像对称面，与共格晶界平行的晶面称为孪晶面，通常以孪晶面命名一种孪晶，如孪晶面$(10\bar{1}3)$对应$(10\bar{1}3)$孪晶。非共格晶界也是孪晶两部分的边界，但不是镜像对称面，所以边界两边的原子很难形成有规律的连接，因此非共格晶界往往存在大量缺陷。

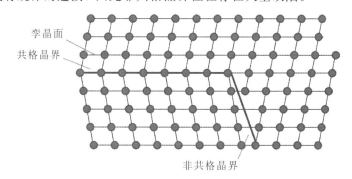

图 3.30　孪晶的结构示意图

图 3.31 是利用 HVPE 法生长的 AlN 样品的透射电镜图像。图 3.31(a)是低倍形貌像,可以清楚地看到在蓝宝石衬底上生长的 AlN 薄膜分为上、下两部分,下面部分晶体连续,但其上表面呈现出锯齿形貌,上面部分则呈现出柱状生长形态。将上、下两部分的界面(锯齿界面)放大,可以看到明显的晶界,如图 3.31(b)所示。对晶界附近的区域进行选区衍射,可以看到两套不同的衍射花样,这两套衍射花样共用(10$\bar{1}$0)衍射点,从而一套衍射花样绕(10$\bar{1}$0)衍射点旋转一定角度便可得到另一套衍射花样,如图 3.31(c)所示。对图 3.31(b)的 V 型晶界左、右两边分别进行高分辨成像,得到图 3.31(d)和图 3.31(e),不难看出,图 3.31(d)是共格晶界,对应孪晶面为(10$\bar{1}$0),而图 3.31(e)是非共格晶界。

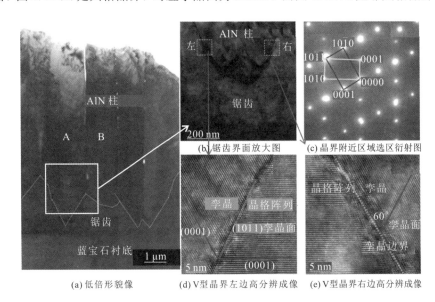

(a) 低倍形貌像　(d) V型晶界左边高分辨成像　(e) V型晶界右边高分辨成像

图 3.31　利用 HVPE 法生长的 AlN 样品的透射电镜图像[40]

第 4 章
物理气相传输法制备氮化铝单晶

4.1　发展历史

　　自然界中不存在 AlN 单晶，只能人工合成。早在 1862 年，有人通过熔融金属 Al 和气态 N_2 的直接反应首次获得了 AlN 晶体[41]，但这种方法得到的 AlN 晶体更像是多晶或者纳米晶，而不是块状 AlN 单晶。到了 1964 年，科学家们利用 AlF_3 与 NH_3 在 1000℃下反应合成了 AlN 粉末[42]。在 20 世纪 60 年代，科学家们进行了越来越多的 AlN 晶体制备实验，包括利用物理气相传输(PVT)制备 AlN 粉末，利用在氮气气氛中蒸发 Al 金属的方法[43-46]制备针状、薄片状或晶须状的 AlN 晶体等。AlN 晶体的颜色为蓝色、黄色、棕色或无色[47]。1976 年，Glen A. Slack 和 T. F. McNelly 用 PVT 技术成功生长了直径 0.5 英寸的高质量块状氮化铝单晶[48]。不过在 20 世纪 80 年代和 20 世纪 90 年代初期，针对单晶 AlN 的研究却变少了，反倒是对多晶 AlN 陶瓷的研究热了起来[49]。

　　随着 20 世纪 90 年代宽禁带半导体的兴起，AlN 体晶作为氮化物光电和高频大功率器件的衬底材料变得很有吸引力[50]。除了物理气相传输以外，科学家们还研究了其他生长方法来制备 AlN 固态晶体，例如氢化物气相外延(HVPE)[51, 52]、溶液和助熔剂生长[53-55]和氨热生长[56]。由于 AlN 解离压力高，在 100 bar 以下没有熔化相[57]，并且在大气压下温度高达 2450℃才分解，因此难以使用常规的、可控制的熔体方法生长 AlN 晶体。相比之下，PVT 法提供了通过气相制备块状晶体的途径，从而避免了使用昂贵的高压设备。

　　目前，国内外有不少公司、研究所和大学开展了用 PVT 法生长 AlN 体单晶的工作，其中报道已获得 2 英寸 AlN 单晶衬底的公司有美国的 Crystal IS 和 Hexatech、德国的 Crystal-N、俄罗斯的 Nitride-Crystals 和中国的奥趋光电[58]。

　　PVT 法生长 AlN 晶体用的原料是 AlN 粉末或多晶 AlN，所用的坩埚材料主要有 TaC、W、BN。一般可通过以下两种方法生长高质量和较大尺寸的 AlN 晶体：

　　(1) 在 SiC 衬底上异质外延生长 AlN 籽晶，随后在籽晶上同质外延生长 AlN 单晶；

（2）先通过自发成核培养 AlN 籽晶，然后利用多次迭代生长来扩大 AlN 晶体直径。

第一种方法的主要优点是可使用较大尺寸的 4H - SiC 和 6H - SiC 衬底（4～6 英寸），这有利于在较短的时间内获得大尺寸的 AlN 单晶。1997 年，来自北卡罗来纳州立大学（North Carolina State University）的 Cengiz M. Balkas，Zlatko Sitar 等人首次尝试了在 SiC 衬底上用 PVT 法生长 AlN 体单晶[50]。俄罗斯的 Nitride-Crystals 公司发展了这种技术，该公司先用石墨炉和 TaC 坩埚在 2 英寸 6H - SiC 晶片上生长 2～3 mm 厚的单晶 AlN 层作为籽晶，然后用钨加热炉和钨坩埚在籽晶上生长 2 英寸的 AlN 体单晶[59]。用这种方法获得的 AlN 籽晶中 Si 杂质原子的含量很高，这是 SiC 衬底部分分解所致。另外，SiC 和 AlN 热膨胀系数的不同，以及 SiC 衬底中存在的缺陷都会导致 AlN 晶体中产生大量的晶界。通常情况下，在 SiC 衬底上异质外延生长的 AlN 晶体的位错密度不低于 5×10^5 cm^{-2}，即使经过几代同质外延生长（用籽晶生长体单晶），也难以将位错密度降至 10^5 cm^{-2} 以下，更不能显著降低晶界密度[28]。由于用这种方法获得的 AlN 不均匀性高、晶体质量差，因此不少公司和机构都已经停止了针对这种方法的研究工作。不过这种技术可以较快地获得大尺寸的 AlN 单晶，所以它仍然具备相当大的吸引力。近年来，Nitride-Crystals 公司通过对外合作的方式，如与中国的哈尔滨工业大学合作，积极研发 4 英寸 AlN 单晶衬底。另外，德国 Crystal-N 公司、日本住友电工、北京大学等也开展了相关的研究工作。

第二种方法首先选用合适的坩埚，在坩埚盖上自发成核生长出一定尺寸（数毫米直径）的 AlN 晶粒作为籽晶，在合适的温场和极性选择下，AlN 晶粒有可能逐渐长大成较大尺寸的体单晶，实现扩径生长。在第一步籽晶制备过程中，坩埚盖通常设计成锥形，理想情况下，晶体成核仅发生在坩埚中最冷的位置（锥形顶点），减小最冷位置的面积，可以减少自发成核点的数量，从而减少晶界总量。随着生长的进行，平均晶粒尺寸不断增加，一旦获得大的单晶晶粒，就可以将其分离出来作为籽晶，随后进行同质外延生长扩大晶体的尺寸，从而获得具有非常高的结构完美性的 AlN 单晶。目前，利用这种方法可以获得直径为 2 英寸、位错密度为 $10^2 \sim 10^4$ cm^{-2} 的 AlN 晶体衬底。1997 年，来自伦斯勒理工学院（Rensselaer Polytechnic Institute）的教授 Leo J. Schowalter 和 Glen A.

Slack 成立了 Crystal IS 公司，该公司利用这种技术制备 AlN 单晶。2003 年，Crystal IS 公司制备出了直径为 15 mm、位错密度低于 10^3 cm^{-2} 的 AlN 单晶衬底[60]。在克服了增加 AlN 晶锭尺寸及随后的晶片制备的许多困难（包括必须仔细控制温度梯度、熔炉构造和坩埚构造，切割、抛光以获得原子上光滑的表面等）后，Crystal IS 公司于 2006 年获得了世界上第一片从块状 AlN 单晶切成的 2 英寸高质量 AlN 晶片，其位错密度约为 10^4 cm^{-2}[10, 61, 62]。另一家美国公司 Hexatech 也从 2009 年开始致力于将 AlN 单晶衬底产业化，位错密度不高于 10^{-2} cm^{-2} 的〈0001〉取向的 AlN 晶粒被用作初始的籽晶[63]。2013 年，Hexatech 公司在扩大晶体直径方面取得了重大进展——在一年时间内将 AlN 单晶直径从不足 20 mm 扩展到了超过 30 mm。2018 年，Hexatech 公司获得了直径 2 英寸的 AlN 晶体，其在售 AlN 单晶衬底位错密度为 $10^2 \sim 10^4$ cm^{-2}，处于世界领先地位。另外，德国晶体生长研究所 Carsten Hartmanna 研究组对自发成核和籽晶外延技术进行了广泛和深入的研究，基于他们的研究，德国 Crystal-N 公司在 2016 年也获得了 2 英寸的 AlN 单晶衬底。

当前，物理气相传输是生产大面积 AlN 单晶衬底最成功且使用最广泛的方法。PVT 方法可以用较高的生长速率生长较低位错密度的 AlN 单晶，这对工业生产具有极大的吸引力。但是，用 PVT 法生长的 AlN 晶体通常光学透明度（带隙以下的光子能量）不高，这是由于存在 Al 空位和替代性杂质（碳、氧）及其复合物。

制备具有良好光学性能的 AlN 单晶的一种方法是氢化物气相外延（HVPE）。首先在异质衬底（例如 SiC 或蓝宝石）上生长 AlN 单晶厚膜，然后分离该厚膜，获得自支撑 AlN 单晶衬底。由于生长温度限制（一般低于 1600℃），AlN 晶体的生长速率非常低（一般低于 30 μm/h）。通过 HVPE 法制备的 AlN 单晶衬底，在其带隙附近可以显示出陡峭的吸收边。但是，由于 AlN 和异质衬底之间的晶格常数和热膨胀系数不同，因此 HVPE 法存在一些严重问题，其中最突出的问题是此法所制备的 AlN 单晶具有高位错密度（约 10^8 cm^{-2}）。为此，有研究人员提出将 PVT 和 HVPE 两种方法结合，扬长避短，以用 PVT 法制得的 AlN 单晶作为衬底，用 HVPE 法外延 AlN 单晶厚膜，最后去掉 PVT - AlN，获得透明度高、位错密度低的 AlN 单晶，这不失为 AlN 晶片产业化的一种思路。

4.2　物理气相传输设备

4.2.1　石墨加热炉

　　PVT 法通常使用的坩埚为 TaC 坩埚和钨坩埚。TaC 坩埚一般用石墨炉作为生长炉，石墨加热炉的结构如图 4.1 所示。

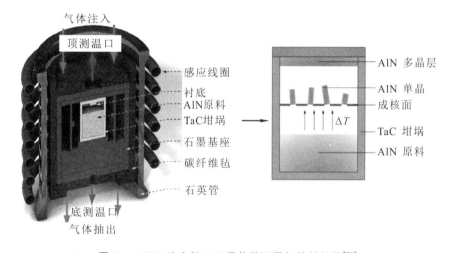

图 4.1　PVT 法生长 AlN 晶体的石墨加热炉结构[28]

　　图 4.1 中，石墨加热炉的基座由高纯度石墨制成，保温层由碳纤维毡组成。TaC 坩埚一般通过两步制备：① 在常温下用 2000 bar 等静压将 TaC 粉压制成型；② 温度为 2200℃时在氮气气氛中烧结使之致密化。为获得高纯度的 AlN 原料，可将市售的 AlN 粉末多次升华重结晶，从而形成致密的多晶 AlN 晶锭。至于衬底，可采用 6H‑SiC 或者 4H‑SiC 单晶，并利用陶瓷黏结剂或夹具将 SiC 衬底固定在 TaC 坩埚的支架上。另外，在石墨装置底部和顶部可使用双色红外测温仪来测量和控制温度。AlN 晶体生长在 500~800 mbar 的高纯度氮气气氛(99.999%)下进行，使用感应加热方式，其生长温度一般在 2030~2100℃，生长时间可长达几十个小时。

　　4.1 节讲述的 PVT 法生长 AlN 单晶的第二种方法，即自发成核生长 AlN

晶体，一般在钨加热炉和钨坩埚中展开，但也可以在石墨加热炉和 TaC 坩埚中进行。

4.2.2 钨加热炉

用钨炉生长 AlN 单晶，一般使用钨坩埚。钨坩埚不能采用 SiC 衬底，因为 SiC 在高温下会分解出硅原子，而硅原子又会与钨反应生成硅化钨，从而加速钨坩埚的破坏。另外，钨坩埚不能采用碳纤维保温层，所以如果采用类似于石墨加热炉的感应加热方式，保温材料的选择将是个难题。因此，钨炉采用钨网加热，以钨屏与钼屏的组合作为保温隔热层。使用钨炉生长 AlN 单晶可以更有效地减少 AlN 晶体中氧、碳等杂质的含量。具有三个加热区的钨炉结构如图 4.2 所示。

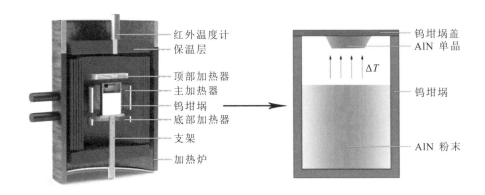

图 4.2 PVT 法生长 AlN 晶体的钨炉结构示意图[64]

三温区钨加热炉包括三个加热器（顶部/主/底部加热器）和用于温度测量的红外温度计，便于制备体 AlN 单晶。利用该装置可以在 2250℃ 的生长温度下以大于 200 μm/h 的生长速率制备块状 AlN 单晶。实验在高纯度氮气气氛（99.999%）下进行，结晶区温度（T_c）和源区温度（T_s）的调节主要可分为以下三个步骤：

（1）在升温过程中，$T_c > T_s$，负温度梯度（$\Delta T = T_s - T_c < 0$），提高结晶区温度（大于 2150℃）以抑制 AlN 成核；

（2）在保持过程中，$T_c < T_s$，正温度梯度（$\Delta T > 0$），ΔT 为 5～20℃/mm，促进结晶区 AlN 单晶的生长；

（3）在降温过程中，$T_c > T_s$，负温度梯度（$\Delta T < 0$），保持反向温度梯度以抑制 AlN 晶体表面上的再结晶，直到源区温度降至 1750℃ 以下，AlN 原料停止升华。

4.3　生长机制

4.3.1　生长窗口与路径

AlN - N_2 系统的蒸气压与相对温度的关系如图 4.3 所示。

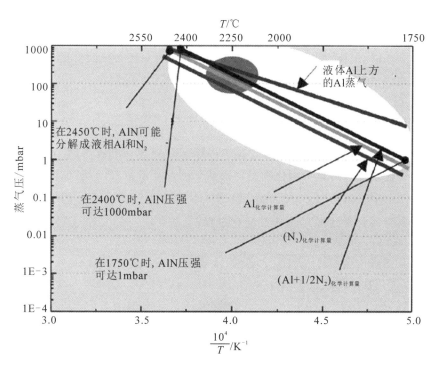

图 4.3　AlN - N_2 系统的蒸气压与相对温度的关系（黑圈表示 AlN 单晶生长窗口，白圈表示 AlN 原料升华窗口）[65]

由图 4.3 可知，AlN 的升华在 1750℃ 就已经开始，这个温度远低于 2100～2250℃ 的体单晶生长温度。图 4.3 还给出了液态 Al 上方的 Al 蒸气压力随温度

变化的曲线，值得注意的是，在约 2450℃ 的温度下，液态 Al 上方的 Al 蒸气压力小于 AlN 上方的 Al 蒸气压力，这意味着固态 AlN 在超过 2450℃ 的温度下会分解成液态 Al 和 N_2，然而在生长界面上形成液滴对 AlN 晶体质量不利。另外，液态 Al 在如此高的温度下具有很高的化学活性，容易破坏坩埚和加热炉材料。因此，应将大约 2400℃ 的温度视为 AlN 晶体生长温度的上限。AlN 结晶过程中表面原子反应式如下：

$$Al_g \Leftrightarrow Al_{ads} \tag{4-1}$$

$$N_{2g} \Leftrightarrow N_{2ads} \tag{4-2}$$

$$N_{2ads} \Leftrightarrow 2N_{ads} \tag{4-3}$$

$$Al_{ads} + N_{ads} \Leftrightarrow AlN \tag{4-4}$$

$$Al_{ads} + N_{2ads} \Leftrightarrow AlN + N_{ads} \tag{4-5}$$

其中，氮离解反应式(4-2)通常被视为限制 AlN 晶体生长速率的过程。但是，由于反应式(4-5)在整个晶体生长温度范围内具有负的自由能变化，因此我们将反应式(4-4)和式(4-5)的总和视为 AlN 晶体生长的路径。

4.3.2　N 极性生长

纤锌矿晶体的自然习性倾向于显示出较大的 N 极面和较小的 Al 极面，在热力学平衡条件下的 Ⅲ 族氮化物晶体形状如图 4.4 所示(纤锌矿 Ⅲ 族氮化物的 3D Wulff 晶体，虽然以 GaN 为例，但是 AlN 也有类似的结果)，图中从左到右对应从富金属元素到富 N 的连续变化过程，$\Delta\mu_N = \mu_N - \mu_{N_2}$，$\mu_N$ 是 N 原子的化

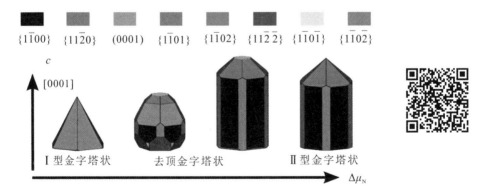

图 4.4　在热力学平衡条件下的 Ⅲ 族氮化物晶体形状[66]

学势，μ_{N_2} 是 N_2 分子平均到每个原子的化学势。因此，对于 AlN 或者 GaN 晶体，N 极性的生长方向更有利于晶体直径扩展。在纤锌矿结构 AlN 和 GaN 的高温体单晶生长过程中，这种想法得到了证实，具体表现为金属极性生长总是导致晶体直径越来越小，如 Al 极性 AlN 单晶的 PVT 生长以及 Ga 极性 GaN 单晶的生长（包括使用 HVPE 或 Na-flux 方法），而 PVT 生长 N 极面的 AlN 单晶则有利于晶体直径增大。

利用 PVT 法生长 AlN 晶体，随着生长温度（不低于 2000℃）的升高，N 极性平面比 Al 极性平面更加稳定，且动力学影响降低，从而 AlN 晶体更倾向于展现出其天然晶体习性，即由 $(000\bar{1})$、棱柱形 $\{10\bar{1}0\}$ 和菱形 $\{10\bar{1}n\}$ 等晶面组成表面。相比之下，温度不高于 2000℃ 的实验表明，在使用 N 极性籽晶的情况下，AlN 晶体倾向于沿 Al 极性方向生长，这可能导致极性反转。

沿 N 极性方向生长时，晶体侧面的棱柱形 $\{10\bar{1}0\}$ 面表现出慢得多的生长速率，这是由于表面上存在较低的过饱和度。为了有利于晶体直径的扩大，籽晶前面的径向温度梯度不能太大，以免产生其他缺陷（如低角度晶界或基面位错），但是温度必须足够高，才能确保在 $\{10\bar{1}0\}$ 晶面上有可观的生长速率。

据报道，在由异质外延生长制备的 AlN 籽晶上进行 N 极性同质外延生长，在生长初始阶段会出现反转畴（极性反转），这最终会降低 AlN 的晶体质量。另外，N 极性 AlN 单晶生长一般在 TaC 坩埚中进行。到目前为止，没有纯钨装置中报告的稳定的 N 极性生长（与 AlN 籽晶来源无关）[28]。在纯钨装置中观察到的 Al 极性生长的强烈趋势可能是气相中杂质浓度不同或工艺温度限制所致，还需要进一步的研究以使晶体在极性方向上的生长稳定性与工艺参数、杂质和坩埚材料相关联。

4.3.3　热场优化

图 4.5 给出了两种不同的温场设计及用相应的设计生长的 AlN 单晶，这两种温场的不同主要体现在不同的籽晶支架设计上。除此之外，这两种生长方法都使用 N 极性 AlN 籽晶和 2050℃ 的生长温度。温场设计一（见图 4.5(a)）和温场设计二（见图 4.5(b)）相邻等温线之间的温差都为 1 K，但设计一比设计二

有更高的轴向和径向温度梯度，其中设计一、设计二籽晶界面上方的轴向温度梯度分别为8 K/cm、6 K/cm。使用设计一，在生长的单晶周围会形成寄生多晶边缘(在图 4.5(c)中已经去掉)。在设计二中，将热力学条件保持在一定区间内，可以避免与 AlN 晶体相邻的寄生生长。

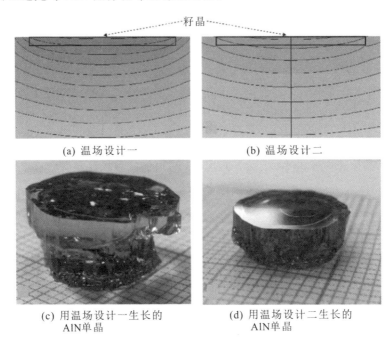

图 4.5　两种不同的温场设计及用相应的设计生长的 AlN 单晶[67]

　　不过，在上述两种温场设计中，轴向和径向温度梯度不是独立可调的。两种设计中较高径向晶体的生长速率(温度梯度 ΔT 的函数)分别为 200 μm/h 和 130 μm/h。每次生长时，AlN 单晶的直径扩展 1~2 mm，热场凸得越厉害，越有利于晶体的扩大。晶体通过六个棱柱形$\{10\bar{1}0\}$面即 N 极性面同时生长而扩大。

4.4　籽晶培养

　　自然界不存在 AlN 晶体，最初制备 AlN 晶锭用的 AlN 籽晶主要通过以下三种不同的生长策略获得：

（1）选晶生长获得 AlN 籽晶；

（2）在 4H – SiC 或者 6H – SiC 衬底上生长厚的 AlN 单晶层，随后剥离 SiC 衬底获得 AlN 籽晶；

（3）自发独立成核生长获得 AlN 籽晶。

获得籽晶后，在籽晶上进行同质外延生长，这是任何 PVT 批量生长技术的最终目标。使用同质外延生长，可以持续改善晶体的结构性能、降低杂质浓度以及增大晶体的直径。

4.4.1　选晶生长获得 AlN 籽晶

以平面坩埚盖或圆锥形坩埚的顶端为基底生长 AlN，成核的晶粒没有统一取向，所以获得的是 AlN 多晶。在平面坩埚盖上生长的 AlN 多晶常显示出坚固的柱状晶粒结构，晶粒大致在〈0001〉方向上生长，但彼此扭转或者倾转了几度。单一晶粒通常只有几毫米大小。由于纤锌矿结构 AlN 的热膨胀系数的各向异性，晶粒之间容易产生较大的应力，从而使它们的结构受损。

典型的 PVT 生长配置如图 4.6 所示。原料粉末从坩埚底部升华，气态的 AlN 被运送到坩埚较冷的顶部（基底），并在那里重新凝结。这里所说的基底用的是坩埚材料（如钨或者 TaC），在图 4.6 对应的文献案例中基底用的是烧结的 TaC 盘，坩埚用的是高温烧结 TaC 制成的圆柱形坩埚。工艺经过优化，采用

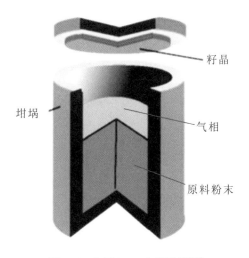

图 4.6　典型 PVT 生长配置[68]

500 Torr 的氮气压强，源到基底的距离为 7～10 mm，源与基底之间的温度梯度约为 1℃/mm，在生长温度为 2050～2150℃ 的条件下进行连续生长实验。约 500 Torr 的压强足以抑制过饱和，同时足以支持 0.1～0.3 mm/h 的生长速度。

由于为坩埚添加原料、切割加工生长的单晶作为新籽晶，以及维持生长条件(如源到基底的距离，源与基底之间的温度梯度等)一致性等的需要，常常必须中断生长或者多次生长。中断生长后再次启动生长，可能会导致二次成核现象发生。为了避免这个问题，可以采取一些生长策略。

(1) 在温度升高至生长条件期间，籽晶保持在比源更高的温度下(逆温度梯度)。逆温度梯度可以使籽晶表面氧化物挥发，同时使得籽晶生长表面抛光损伤层(约 100 μm)升华。因为低温和表面缺陷都可以促进 AlN 的二次成核。

(2) 为降低 Al 过饱和的可能性，在生长实验开始之前，先将 AlN 粉末原料在高于 2000℃ 的温度下预烧结，以去除过量的 Al，并确保 Al 和 N 原子符合化学计量比。AlN 粉末原料烧结之后，具有较高平衡蒸气压的氧气和其他污染物也会显著减少。AlN 源的重结晶速率在烧结初期较高，随着烧结时间延长而明显降低。因此，原料的烧结可以稳固其高温物理化学性质，有利于获得稳定的生长条件。

图 4.7 给出了生长策略优化前后获得的 AlN 晶体的截面图。图 4.7(a)的 AlN 晶体经历多次生长中断，但没有采取以上策略，于是可以清楚地看到相邻

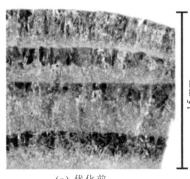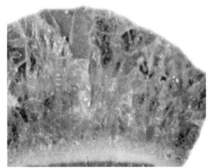

(a) 优化前　　　　　　　　　　　　(b) 优化后

图 4.7　生长策略优化前后获得的 AlN 晶体截面图[68]

两次生长的界面因二次成核形成了明显的多晶层,随着生长进行晶粒尺寸逐渐扩大。相比之下,图 4.7(b) 的 AlN 晶体生长采用了上面的策略,尽管生长被中断了几次,但没有检测到二次成核现象,从而实现了连续的晶粒扩大的再生长。

图 4.8 显示了一系列连续中断再生长的中间过程晶体的顶部。从自发成核的多晶 AlN 层开始,在下一次再生长时切下晶体的顶部作为籽晶,从而进行迭代生长。

图 4.8　一系列连续中断再生长的中间过程晶体的顶部[68]

图 4.9 显示了在不同长度处切割的 AlN 晶锭经机械抛光后的水平横截面(从左到右晶锭长度依次增大)。可以清楚地观察到,随着晶锭长度的增加,晶粒数量减少而晶粒尺寸增加。在这种条件下,气相中的质量输运速率与物质的表面扩散/迁移速率之间达到了平衡,这有利于晶粒的增大,同时不会产生额外的表面二次成核。在 35 mm 的晶锭长度处,晶粒尺寸最大可以达到 1 cm。

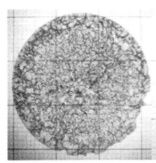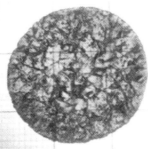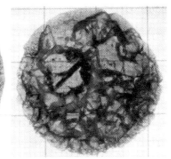

(a) 在生长的第一毫米处　　(b) 在 22 mm 晶锭长度处　　(c) 在 35 mm 晶锭长度处
　　切下的 0.5 mm 厚的薄片　　切成的 1 mm 厚的薄片　　切成的 2 mm 厚的薄片

图 4.9　在不同长度处切割的 AlN 晶锭经机械抛光后的水平横截面图

一种更合理的方法是使用带有圆锥形末端的坩埚，如图 4.10 所示，通过几何限制，使其中一种主要的晶粒快速长大，而其他的晶粒生长受到抑制。Crystal IS 公司用该技术获得了籽晶，在此基础上，通过同质生长获得了直径达 2 英寸的 AlN 晶体。

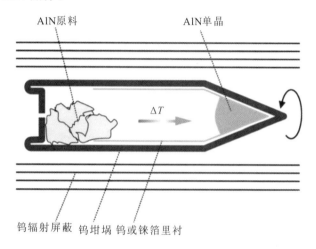

图 4.10　钨基生长装置的横截面示意图[69]

4.4.2　在 SiC 衬底上异质外延生长获得 AlN 籽晶

使用 SiC 衬底进行 AlN 籽晶制备的优势是可以获得大尺寸的 AlN 单晶衬底（因为市场上可以购买到直径为 4～6 英寸的 4H - SiC 或 6H - SiC {0001} 单晶衬底）。但是，由于生长温度限制在 1900℃ 以下（温度太高 SiC 表面容易分解），因此晶体生长速率低于 50 $\mu m/h$。在这种异质外延方法中，经常会遇到的问题有：裂纹的形成；SiC 衬底的微管传播到 AlN 晶体中，由螺位错引起螺旋生长模式；晶格失配（≈1%）导致较高的位错密度（$10^5 \sim 10^7$ cm^{-2}）等。此外，在 SiC 和 AlN 的界面附近的 Si 和 C 杂质浓度很高，高达百分之几。不过优化生长工艺可以缓解大多数问题。

由于在钨坩埚中使用 SiC 衬底进行生长可能会形成硅化钨，因此，通常使用 TaC 坩埚。在将生长的 AlN 籽晶与 SiC 衬底分离之后，可以将 TaC 用于后续的同质外延生长。

另外，无论 SiC 衬底的极性（Si 极性或 C 极性）如何，AlN 晶体始终倾向于沿 Al 极性方向生长。在这种 AlN 层上的同质外延生长通常在生长面上进行，即这种晶体也在 Al 极性方向上生长。Al 极性的生长受限于相对较低的过饱和度和约 100 μm/h 的生长速率，而晶体习性由棱晶 $\{10\bar{1}0\}$ 和棱锥 $\{10\bar{1}n\}$ 晶面控制，仅出现小的 (0001) 晶面。因此，晶体生长的直径随之后的每一代晶体而缩小。当前，对于 Al 极性生长而言，如何通过多次同质外延来不断改善晶体质量仍然是一个未解决的问题。不过，德国 Crystal-N 公司证明了在大于 2 英寸的 SiC 衬底上沿 Al 极性方向生长 2 英寸 c 面 AlN 晶体是可行的。

图 4.11(a) 是一块生长在 SiC 衬底上的 AlN 单晶（生长温度为 1800～1900℃，具有无裂纹、均匀的台阶流生长表面），其直径为 28 mm，颜色是透明的黄色或琥珀色，形状是具有六角形形态的 c 面。需要注意的是，起始衬底的质量对于获得良好的 AlN 晶体至关重要。在 SiC 上生长的 AlN 晶体的厚度至少应为 1.5～2 mm，以避免降温过程 AlN 产生裂纹。图 4.11(a) 中的 AlN 单晶厚 3.5 mm、无裂纹，其中发亮的 $\{10\bar{1}n\}$ 侧面（图 4.11(a) 中的箭头所指）的存在表明晶体质量较高。此外，晶体没有多晶边缘，这有利于避免裂纹产生。

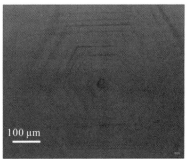

(a) AlN 单晶　　　　　　　　(b) 单个成核中心形态

图 4.11　在 4° 斜切角的 4H－SiC 衬底上生长的 AlN 单晶及晶体表面单个成核中心形态图[70]

从在相同工艺条件下生长的 AlN 晶体上，我们可以观察到三种取决于 SiC 衬底斜切角的生长模式（生长形态不受衬底多型性的影响）。第一种生长模式如图 4.11(a) 所示，晶体在其一个边缘具有单个成核点，台阶流从这一点开始，平稳地流到另一端。这是没有任何岛形成的二维生长机制。通常情况下，使用 4°斜切角的衬底会观察到这种连续的台阶流生长。另外，在以这种模式生长的晶体中，单个成核中心在形态上是六角形的，周围有许多螺旋台阶，该成核中心的光学显微图像如图 4.11(b)所示。然而，大的斜切角会导致宏观台阶的形成或台阶聚束(见图 4.12(a)和(c))。如图 4.12(a)所示，宏观台阶不是很直，它们以波浪的形式、不同的间距沿着台阶流动，这些台阶的高度大于 20 μm，宽度为 100～200 μm。但是，在平坦的表面区域(参见图 4.11(a)的右侧)却可以观察到非常平滑的台阶，如图 4.12(b)所示。第二种生长模式，晶体在表面中间显示单个成核中心，并显示出单个螺旋形生长的生长形态，台阶流从螺旋中心开始向所有方向流动。通常情况下，使用 2°斜切角的衬底会观察到这种生长模式。生长模式一的最佳蒸气过饱和度比生长模式二的高。如果使用同轴(即斜切角为 0°)衬底，则有多个成核点，并且晶

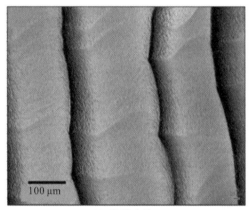

(a) 宏观台阶

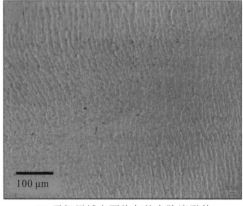

(b) 平坦区域表面均匀的台阶流形貌

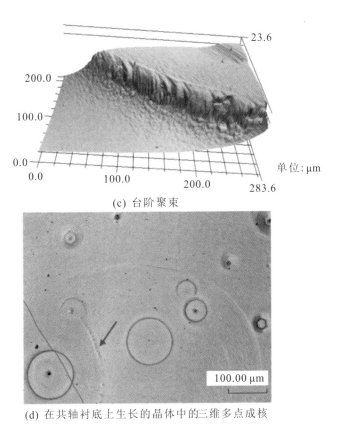

(c) 台阶聚束

(d) 在共轴衬底上生长的晶体中的三维多点成核

图 4.12　在不同 SiC 衬底斜切角下晶体生长形貌图[70]

体表面具有许多圆形或六边形形态的同心环,显示出螺位错引导的三维岛生长模式(见图 4.12(d)),这就是第三种生长模式。

SiC 衬底极性对 AlN 体单晶的生长有很大的影响。在 SiC 的 Si 面上生长的晶体始终显示出 Al 极性的生长表面。在 SiC 的 C 面上进行 AlN 生长,期待获得 N 极性生长表面,但容易发生极性反转。在 C 面上的生长通常以多点成核为主导。采用相似的过饱和条件和 SiC 衬底斜切角生长 AlN,在 Si 面上的生长是台阶流生长模式,在 C 面上的生长是螺旋生长模式。

如图 4.13(a)所示,在 2° 或 4° 斜切角的 Si 面 SiC 衬底上生长的 AlN 块状晶体具有单个核中心和台阶流生长模式,展现出光亮的 (0001) 面。晶体生长时没有裂纹和孔(即微管),位错刻蚀坑密度约为 10^5 cm^{-2}。

(a) 2°或4°斜切角、Si 面 SiC 衬底

(b) 同轴C面SiC衬底

(c) 2°斜切角、C面SiC衬底、螺旋生长

(d) 2°斜切角、C面SiC衬底、准二维台阶流生长

图 4.13　在不同斜切角、不同极性 SiC 衬底上生长的 AlN 单晶[71]

　　使用同轴衬底生长的晶体通常显示三维岛形核，而与衬底极性(Si 面/C 面)无关，如图 4.13(b)所示。与在带斜切角的 Si 面 SiC 衬底上的生长不同，AlN 晶体在 2°斜切角的 C 面 SiC 衬底上的生长主要为螺旋生长模式，晶体表现出多个成核中心，如图 4.13(c)所示。与 Si 面生长速率(25 μm/h)相比，C 面的生长速率(40 μm/h)更高。通过降低轴向温度梯度或绝对生长温度，或增加 N_2 气体的压力，可以在 C 面 SiC 衬底上获得如图 4.13(d)所示的台阶流生长模式。在这种情况下，由于过饱和度降低，其生长速率降低至 25～30 μm/h。因此，在 C 面 SiC 衬底上生长并获得阶跃流增长模式，需要相对较低的过饱和度。尽管获得了准台阶流生长模式，与 Si 面 SiC 衬底上生长的晶体不同，C 面 SiC 衬底上生长的 AlN 晶体表面看起来有点粗糙(不光滑，也不发亮)。另外，

在这些使用 C 面 SiC 衬底生长的晶体表面发现了一些六角形的晶粒镶嵌物，这样的镶嵌物部分地嵌入晶体表面，因此看起来像半个六边形，如图 4.13(d) 中的箭头所指。这些镶嵌物的大小从微米到毫米不等，并且会钉扎住台阶，阻碍台阶流的平稳生长。

由于腐蚀速率、表面形貌与极性相关，因此我们可以通过湿化学腐蚀来分析 AlN 表面的极性。湿化学腐蚀 AlN 晶体，在 Al 极性表面上会形成六边形腐蚀坑，而在 N 极性表面上则显示出小棱锥。对生长在 Si 面 SiC 衬底上的 AlN 晶体抛光后的生长表面进行湿化学腐蚀，始终显示出 Al 极性，如图 4.14(a) 所示，表面呈现出轮廓分明的对称六边形刻蚀坑，在整个样品中从未观察到 N 极性反转畴。相比之下，由在 C 面 SiC 衬底上生长的 AlN 晶体制备来的样品始终显示出反转畴。将在 C 面 SiC 衬底上生长的 AlN 晶体进行切割，观察不同位置的湿化学腐蚀特性，切割的位置、形状和命名如图 4.14(b) 所示，其中样品 1 距界面 1 mm，其湿化学腐蚀后的上表面如图 4.14(c) 所示，该表面显示出大量的 N 极性区域(图中浅灰色区域，由箭头标记)，而 Al 极性区域可根据六边形刻蚀凹坑识别。图 4.14(c) 中样品表面的某些部分仅显示 N 极性，但是随着晶体生长长度的增加，N 极性区域与 Al 极性区域的比率降低。样品 3 距界面 4 mm，其湿化学腐蚀后的上表面如图 4.14(d) 所示，该表面显示出较大尺寸($20~\mu m$)的六角形凹坑，并且大多数凹坑合并在一起出现。样品 3 的表面主要由 Al 极性控制，仅能观察到少数 N 极性区域，与样品 1 相比，这些 N 极性区域的尺寸非常小，并且以团簇的形式出现(见图 4.14(d) 中的箭头所指)。

研究结果表明，在 C 面 SiC 衬底上生长的晶体的表面在生长初始阶段主要表现为 N 极性，但是逐渐转变为 Al 极性并且在后期留下小的 N 极性畴，极性反转的机制有待进一步研究。晶体在 C 面 SiC 衬底上生长期间，会呈现出三维岛多点核还是准二维台阶流生长模式，取决于衬底的斜切角和气相中的过饱和度。与在 Si 面 SiC 衬底上生长 AlN 相比，在 C 面 SiC 衬底上生长 AlN 需要较低的过饱和度来实现二维台阶流生长。

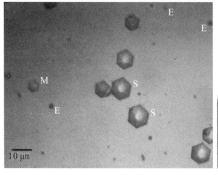

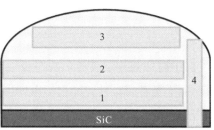

(a) AlN晶体的刻蚀Al极性生长表面(各种尺寸的
刻蚀坑与不同类型的位错相关联，E、S、M
分别对应刃位错、螺位错和混合位错)

(b) 样品切片的位置和编号

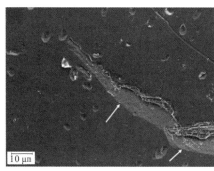

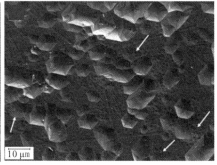

(c) 样品1的腐蚀表面的扫描电镜(SEM)图像　(d) 样品3的腐蚀表面的扫描电镜(SEM)图像

图 4.14　对 AlN 晶体进行湿化学腐蚀后得到的表面形貌图[71]

4.4.3　自发成核法制备自支撑 AlN 晶体

自发成核生长 AlN 晶粒可以使用 TaC 坩埚或钨坩埚。将从那些自发成核获得的晶体上切下的晶片作为籽晶，随后就可以采用同质外延扩径生长 AlN 体单晶。扩径生长通常采用 N 极性生长方向，因为其具有一个生长中心控制的台阶流生长机制，生长中心的生长速率约为 $250~\mu m/h$，并且可以得到镜面反光状的 $(000\bar{1})$ 面。另外，晶体习性总是由较大的 $(000\bar{1})$ 晶面（N 极性面）和 $\{10\bar{1}0\}$ 晶面主导，这也使得 N 极性面生长的晶锭直径倾向于扩大而不是缩小。

在自发成核的情况下，以坩埚内架、原料上方的有孔板作为成核区，如图 4.15(a) 所示。在这种配置中，AlN 同时沉积在成核区域（条件接近热力学平衡)和坩埚盖上(通常为多晶层)。

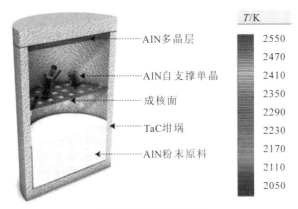

(a) 自发成核的坩埚设计

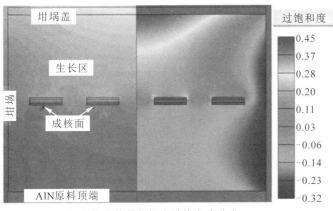

(b) 生长腔体的热场和过饱和度分布

图 4.15　自发成核的坩埚设计和生长腔体的热场、过饱和度分布[69]

　　热场和过饱和度的数值模拟已被证明有助于确定适当的工艺条件,从而控制成核密度并获得足够高的生长速率。这种计算使用有关加热功率、坩埚的几何形状和材料类型,以及测得的温度数据作为热场建模的输入参数。图 4.15(b)显示了生长腔体的热场和过饱和度分布,据此可以控制成核板上成核的数量。与坩埚盖处的过饱和度相比,成核区域的过饱和度低约一个数量级,这种接近平衡的条件有利于获得具有高结构完美性、无应力的独立晶体。在 2200℃的生长温度下,可以获得尺寸高达 9 mm×9 mm×14 mm 的形状对称晶体(见图 4.16)。

(a) 自支撑AlN晶体的三维视图

10 mm

(b) 双面抛光(0001)取向的
AlN晶片光学透射图像

图 4.16　在 2200℃ 生长温度下获得的形状对称晶体[69]

4.5　同质外延

　　这里的同质外延是指在由自支撑 AlN 晶体切割出来的晶片上继续用 PVT 法生长 AlN 体单晶。在 AlN 体单晶生长过程中，需要解决晶体直径扩大、籽晶固定、避免寄生成核，以及热场设计等一系列技术问题。

　　制造第一代籽晶的要求非常严格，只有非异质衬底的生长策略（例如选晶生长或自发成核）才能实现所需的完美结构，随后的直径扩大已被证实是最关键的技术问题。相比之下，异质衬底的生长策略，如在 SiC 衬底上生长的块状 AlN 晶体显示出很多镶嵌结构，无法满足允许范围内衬底斜切角的要求，从而无法通过 MOCVD 获得台阶流生长的 AlN(GaN)薄膜。

目前只有少数研究组的技术发展进入了同质外延这一阶段。籽晶可以用机械、化学或热学等方式安装在支架上。使用合适的支架材料，可以解决由降温过程中支架材料和生长的 AlN 晶体的热膨胀不同而引起的晶体破裂等问题。此外，籽晶和籽晶支架之间的任何孔隙或间隙都可能使籽晶从背面升华，结果是空隙沿相反的方向穿过籽晶，最终穿过生长的 AlN 晶体(负晶体生长)。空隙运动速率可能比晶体生长速率快或慢，这取决于生长条件。即使将大部分籽晶背面蒸发限制在晶体的最初几毫米内，产量损失也相当大。因此，籽晶固定是 AlN 的 PVT 生长中的关键任务之一。目前正在研究诸如背面电镀和氮化密封等新手段。通常情况下，籽晶背面蒸发在 Al 极性生长中比在 N 极性生长中更为重要，因为在后一种情况下，能量上更稳定的 Al 极性背面可阻碍空隙的高速率运动[69]。

为了消除残余的表面抛光损伤，并防止生长初期形成含氧层，可以在升温过程暂时反转温度梯度。在此阶段中，一小部分 AlN 籽晶会升华，并且当温度梯度缓慢变回正值时，晶体开始生长。为了防止在晶体中形成应力和裂纹，必须避免与单晶 AlN 相邻的寄生生长。寄生晶粒通常以比 c 面生长的单晶 AlN 更高的速率在不同的方向上生长，如果发生接触，它们会影响单晶 AlN 的晶体

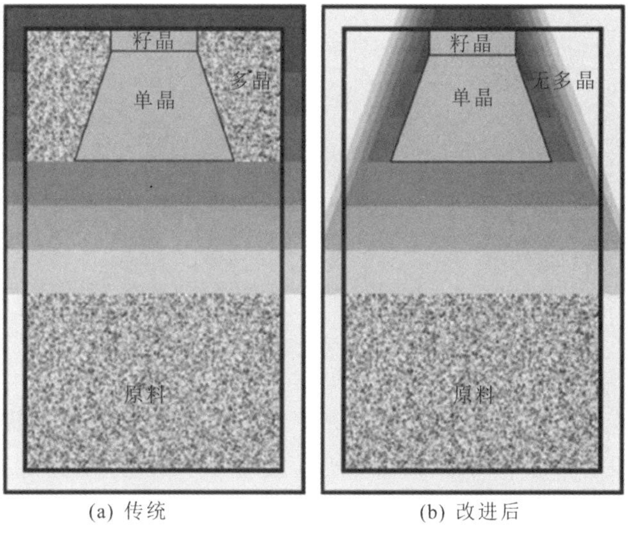

图 4.17　传统的和改进后的生长室中的热场示意图

(温度从红色到黄色逐渐降低)[72]

质量。在极端情况下，部分单晶 AlN 表面甚至可能长满寄生晶粒。提高种子区域周围的温度可以避免寄生生长。图 4.17(a) 给出了典型的 PVT 生长配置中的热分布示意图，这种配置为在籽晶上生长的单晶和籽晶附近的多晶提供了相似的驱动力，无论籽晶相对于坩埚盖的初始位置如何，最终都会形成均匀的生长前沿。如果对温场进行改进，使晶锭侧边成为生长室中最热的位置，就可以有效地抑制多晶沉积，如图 4.17(b) 所示。由于增加了向较冷位置的质量输运，该热场能够使晶锭生长而不会被多晶包围。

籽晶周围的梯形热场可以抑制 AlN 单晶生长前面几毫米内 $\{10\bar{1}0\}$ 棱柱形小面的形成，而在这个生长阶段，单晶直径是可以通过锥形生长放大的，均匀外延生长的大块 AlN 晶体如图 4.18 所示。图 4.18(a) 是由美国 Hexatech 公司生长的 AlN 晶锭，图 4.18(b) 是由德国莱布尼茨晶体生长研究所生长的 AlN 晶锭。在 $\{10\bar{1}0\}$ 表面形成后，AlN 直径增大速率明显减慢，这是因为 $\{10\bar{1}0\}$ 表面在同质外延条件下的生长速率比基面（$\{0001\}$ 面）低约一个数量级。

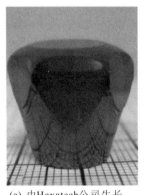 

(a) 由 Hexatech 公司生长   (b) 由德国莱布尼茨晶体生长研究所生长

图 4.18　均匀外延生长的大块 AlN 晶体[69]

迄今为止，已报道的具有高质量的 AlN 单晶都表现出良好的晶体习性。在这些晶体中，没有产生 AlN 表面的热力学或动力学粗糙化，这有利于晶体直径的扩大。与 AlN 的理论熔化温度（约为 2800℃）相比，较低的生长温度（低于 2300℃）抑制了晶体表面热粗糙化。同时，未产生动力学粗糙化是因为只有在低的过饱和度下才能生长出单晶 AlN。

除了晶体质量之外，AlN 衬底在深紫外光谱处的高透明性也很重要，因为来自 LED 有源区域的光通常是通过衬底一面提取的。室温下 AlN 的带隙宽度为 6.2 eV，由主要杂质（O、C、Si）和本征点缺陷（主要是空位）导致的缺陷相关光学跃迁，在深紫外波段中可能会产生不利的吸收谱带。为了优化 AlN 的 PVT 生长的生长条件，需要就生长速率、晶体质量、杂质掺入和深紫外透射率等方面进行研究。德国莱布尼兹研究所 Hartmann 研究组通过改变籽晶的温度（2192～2251℃）和 AlN 籽晶与 AlN 原料之间的温差 ΔT（33～62 K），实现了在五个不同的生长条件下生长 AlN 晶体，如表 4-1 所示。

表 4-1　生长 AlN 晶体的五个不同的生长条件（T_{seed}、ΔT、R、EPD、$\alpha_{265\ nm}$ 分别表示籽晶温度、AlN 籽晶与 AlN 原料之间的温差、生长速率、刻蚀坑密度和在 265 nm 处的吸收系数）[7]

生长条件	GC1	GC2	GC3	GC4	GC5
$T_{seed}/℃$	2192	2200	2214	2221	2251
$\Delta T/K$	62	33	45	51	37
$R/(\mu m/h)$	194	106	173	212	200
$EPD(\times 10^4)/cm^{-2}$	20	10	2	0.7	0.9
$\alpha_{265\ nm}/cm^{-1}$	108	57	35	47	27

研究结果表明，较高的籽晶温度可以在可观的生长速率下更好地满足晶体质量和深紫外波段透明度的共同要求。

由自发成核的 AlN 晶体制成的 c 平面晶片在 N 极性面上进行化学机械抛光后，可用作同质外延生长实验中的 N 极性籽晶（直径为 8 mm）。在所有生长过程中，籽晶的刻蚀坑密度小于 5×10^3 cm^{-2}。

图 4.19 显示了在生长条件 GC5 下生长的 AlN 块状晶体。所有在此生长条件下生长的单晶，都具有 N 极性生长中心的螺旋生长模式，在整个生长表面上都发生了台阶流生长，在生长过程中都未产生 AlN 表面的热力学或动力学粗糙化，并且所有晶体均显示出由 N 极（000$\bar{1}$）晶面和棱柱形 $\{10\bar{1}0\}$ 晶面组成的良好晶面习性。

2 mm

图 4.19 在生长条件 GC5 下生长的 AlN 块状晶体[7]

图 4.20 给出了实验观察到的生长速率 $R(T_{seed}, \Delta T)$ 的等高线图,其中,研究中使用的五个生长条件用黑色数据点标记,在数据点之间线性内插生长速率值,相邻的轮廓线相差 5 $\mu m/h$。由图可知,生长速率随着 T_{seed} 和 ΔT 的增加而增加。在所研究的参数范围内,该增加量大致与 T_{seed} 和 ΔT 线性相关。沿着相关轮廓线改变生长参数,可以在不同的 T_{seed} 和 ΔT 下获得所需的生长速率。图 4.21 给出了计算的结果。不难发现,图 4.21 中的轮廓路径与图 4.20 中所示的实验值之间的插值紧密一致。

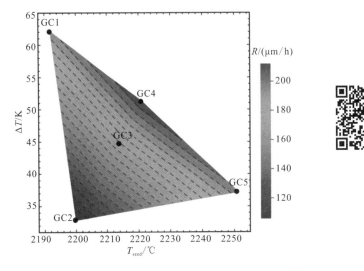

图 4.20 实验观察到的生长速率 $R(T_{seed}, \Delta T)$ 的等高线图[7]

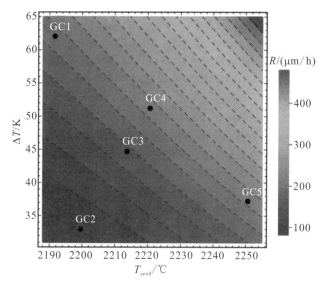

图 4.21 根据 T_{seed} 和 ΔT 计算出的生长速率 R(相邻的轮廓线相差 13 μm/h,

研究中使用的五个生长条件用黑色数据点标记)[7]

通过二次离子质谱(SIMS)对晶体中主要杂质 O、C 和 Si 进行研究,结果如图 4.22 所示。在所有情况下,O 都是主要杂质,其浓度范围为 $6.2 \times 10^{18} \sim$

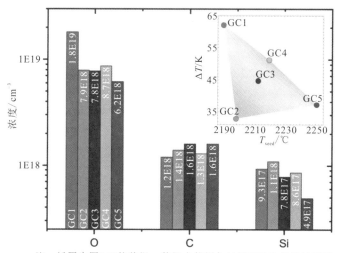

注:插图为图4.20的数据,数据点的颜色与相应的杂质色柱对应

图 4.22 通过 SIMS 在 c 平面晶片上用在生长条件 GC 1～5 下生长的

AIN 晶体测量的 O、C 和 Si 的浓度[7]

1.8×10^{19} cm^{-3}。O 杂质随 T_{seed} 降低和 ΔT 升高而增加，因此在该系列中 GC1 测得的 O 浓度最高，GC5 测得的 O 浓度最低。在较高温度下，TaC(坩埚部分) 对氧气的吸气效率增加，这导致生长过程中晶体中的 O 掺入量降低。在所有生长条件下，C 浓度几乎恒定($1.2 \times 10^{18} \sim 1.6 \times 10^{18}$ cm^{-3})，而 Si 的浓度范围从 4.9×10^{17} cm^{-3} 到 1.1×10^{18} cm^{-3}。虽然一般杂质浓度水平可能是由原料纯度和坩埚材料的吸气效率共同决定的，但是 Si 浓度在随生长条件 T_{seed} 和 ΔT 变化方面与 O 浓度一致，而与 C 浓度相反。

第 5 章

氢化物气相外延法制备氮化铝单晶

5.1 发展历史

目前生长 AlN 体单晶的方法除了 PVT 法，还有氢化物气相外延（HVPE）法。这两种方法各有优缺点。HVPE 技术的优点在于设备简单、成本低、生长出来的 AlN 点缺陷浓度低，以及可以生长均匀、大尺寸、紫外透过率高的 AlN 单晶材料。

HVPE 法在制备 GaN 上取得了巨大的成功，4 英寸单晶衬底已经量产，并且 6 英寸单晶衬底已经研制出来。HVPE 法制备 GaN 单晶，先要通过异质外延获得单晶厚膜，然后将单晶厚膜从衬底剥离得到自支撑衬底，再将获得的自支撑衬底作为籽晶同质外延生长晶锭。经过几代同质外延后，可以将位错密度降低 4~5 个数量级（从 10^9 cm^{-2} 降低到 10^4 cm^{-2}）。

但是，HVPE 技术在制备 AlN 单晶衬底上却发展缓慢。首先在通过异质外延获得单晶厚膜上就遇到不少困难。高温 HVPE 制备 AlN，一般在 1400~1600℃内进行。在这个温度范围，AlN 与衬底的失配应力很大，厚度超过 50 μm 就容易产生裂纹。而且，由于 AlN 侧向生长速率很低，因此已经成功应用于 GaN 生长的侧向外延技术在 AlN 生长上效果不明显。其次，在 AlN 厚膜与衬底分离方面也没有成熟的技术，如果不能稳定地获得大尺寸的 AlN 自支撑衬底，后续的同质外延迭代就难以进行。有的研究组使用 PVT 生长的 AlN 单晶晶片作为 HVPE 同质外延的衬底，这样就将两种技术的部分优点结合了起来，从而可以获得位错密度低、紫外透过率高的 AlN 单晶衬底。不过这种 AlN 单晶衬底的尺寸受限于用 PVT 法生长的 AlN 单晶的尺寸，生产成本也很高。

HVPE 法制备 AlN 单晶的研究从二十世纪六七十年代就开始了[51, 73]。2000 年以后，陆续有不少研究组开展了 HVPE 制备自支撑的 AlN 晶体的研究。其中，美国 TDI 公司在 2005 年报道了在 6H - SiC 衬底上生长 AlN 厚膜，并通过反应离子刻蚀掉 SiC 衬底，最终获得 50 μm 厚 AlN 自支撑衬底的结果[11]。但是，之后该技术就没有太大的进展，可能是因为可重复性不高。之前生长 AlN 用的 HVPE 设备都是热壁式石英炉，这就限制了 AlN 的生长温度不能超过 1200℃，否则石英管会软化变形。直到 2007 年，日本东京农工大学的研究组通过加热基座对衬底进行局部加热的方式，才实现了在 1200℃ 以上高温下高速外延生长 AlN[74-76]。高温生长有利于提高 AlN 的晶体质量，并改善表面形貌。之后，日本东京农工大学的研究组利用高温 HVPE 技术在小尺寸 AlN 自支撑衬底的制备上也取得了一系列进展[12, 77]。除了日本东京农工大学，日本的三重大学、大阪大学，法国的格勒诺布尔第一大学，美国的加州大学圣塔芭芭拉分校等研究机构也在高温 HVPE 生长 AlN 厚膜技术（如图形衬底技术）方面做了大量研究[78-81]。中国对 HVPE 生长 AlN 单晶的研究起步较晚，主要研究机构有中国科学院苏州纳米技术与纳米仿生研究所、中国科学院半导体所、中电集团公司 46 所等[8, 82, 83]。

5.2　氢化物气相外延系统

图 5.1 显示了冷热壁混合型 HVPE 系统，该系统使用 AlCl$_3$ 和 NH$_3$ 作为原料气在一定压强范围（从 10 Torr 到 760 Torr）内生长 AlN。石英玻璃反应器通过电阻丝加热，将 Al 金属放置在气流上游区域（第一温区），并在 500℃ 温度下通过 Al 金属和 HCl 气体反应生成 AlCl$_3$，所使用的载气是 H$_2$ 和 N$_2$ 中的一种或二者的混合物。在气流下游区域（第二温区）AlCl$_3$ 和 NH$_3$ 气体将混合，然后在一定的温度下反应生成 AlN。本系统在第二温区中放置了能够直接将衬底温度提高到 1500℃ 的电阻加热基座，也有 HVPE 系统采用感应加热方式加热基座。另外，炉体也可以设计成垂直放置结构[78]。

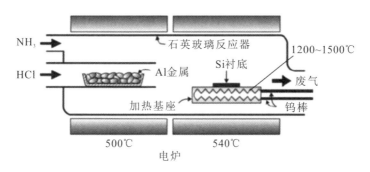

图 5.1　冷热壁混合型 HVPE 系统示意图[84]

在第一温区发生的化学反应为 HCl 气体与金属 Al 反应生成 $AlCl_3$：

$$2Al(s) + 6HCl(g) \rightarrow 2AlCl_3(g) + 3H_2(g) \qquad (5-1)$$

当 HCl 与 Al 反应时，同时会生成 $AlCl$、$AlCl_2$ 和 $AlCl_3$，这三种铝的氯化物的相对组成随着源区(第一温区)温度变化而变化。随着源区温度的升高，$AlCl$ 的分压升高，而 $AlCl_3$ 的分压降低。通常可以忽略 $AlCl_2$ 的存在，因为在相关温度范围内，$AlCl_2$ 的分压远低于 $AlCl$ 或 $AlCl_3$ 的分压。

图 5.2 显示了在铝金属上气态物质的平衡分压与源区温度的关系。当源区温度超过 790℃时，氯化铝的主要类型变为 $AlCl$。在低于 790℃的温度下，$AlCl_3$ 的平衡分压大于 $AlCl$ 的平衡分压，这时在源区进行的主要反应是式(5-1)。当源区温度为 500℃时，$AlCl$ 的平衡分压比 $AlCl_3$ 的小两个以上数量级。因为金属铝的熔点是 660℃，而液态铝的腐蚀性很强，所以一般将源区温度限制在 600℃以内。另一方面，不同类型的氯化铝与石英(SiO_2)的反应难易程度不同。

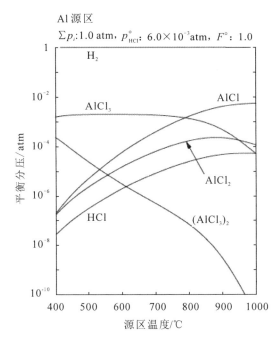

图 5.2 在铝金属上气态物质的平衡分压与源区温度的关系[85]

图 5.3 显示了气态 $AlCl$、$AlCl_2$、$AlCl_3$ 和($AlCl_3$)$_2$ 与石英之间的热力学可行

反应的平衡常数 K，该值是反应温度倒数的函数。AlCl 与石英之间的反应的 K 值极高，而 $AlCl_3$ 与石英之间的反应的 K 值极小，并且在约 700℃ 或更高的温度下变为负值。这意味着在 AlN 生长温度下，$AlCl_3$ 不会与石英反应，因而使用 $AlCl_3$ 作为 Al 源是更合适的。综合考虑，一般将源区温度设置为 500℃ 左右。

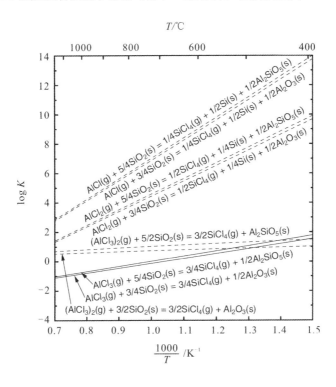

图 5.3　氯化铝与石英之间反应的平衡常数 K(该值是反应温度倒数的函数)[85]

5.3　预反应

5.3.1　化学反应

理想情况下，在第二温区(衬底处)发生的化学反应为 $AlCl_3$ 与 NH_3 反应生成 AlN：

$$AlCl_3(g) + NH_3(g) \rightarrow AlN(s) + 3HCl(g) \qquad (5-2)$$

由于 AlCl$_3$ 和 NH$_3$ 的出气口离衬底有一小段距离，因此这两种气体能够充分混合，这样有利于获得较均匀的 AlN 薄膜。在气态环境中，AlCl$_3$ 和 NH$_3$ 一旦开始接触，就有可能相互反应生成纳米团簇，而且 AlCl$_3$ 和 NH$_3$ 浓度（分压）越高，反应越剧烈。因此，HVPE 通常采用低压生长，以降低 AlCl$_3$ 和 NH$_3$ 的绝对浓度。根据元素分析，AlCl$_3$ 和 NH$_3$ 反应生成的团簇中含有的主要元素是 Al、Cl、N、H，它是一种多构型络合物，在中低温中能稳定存在。AlCl$_3$ 和 NH$_3$ 的化学反应和中间产物如图 5.4 所示，纳米团簇的 TEM 形貌像如图 5.5 所示。

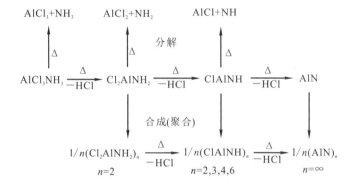

图 5.4　AlCl$_3$ 和 NH$_3$ 的化学反应和中间产物

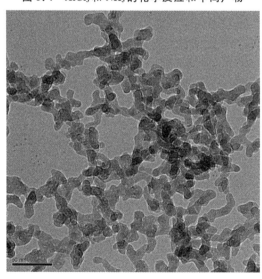

图 5.5　纳米团簇（AlCl$_3$ 和 NH$_3$ 预反应产物）的 TEM 形貌像

5.3.2　预反应影响

预反应会消耗大量的气源，因为 HVPE 生长 AlN 主要是在富 N（NH$_3$ 过量）的情况下进行的，所以 Al 源的消耗对 AlN 晶体生长的影响更大。假设到达衬底表面的 Al 源和 N 源都参与 AlN 生长，则可以用 AlN 外延膜的生长速率和输入 Al 源及 N 源流量的关系来评估预反应的影响。HVPE 生长 AlN 的生长速率与输入参数的关系如图 5.6 所示。图 5.6(a) 是生长速率与压强的关系，反应腔室压强为 10 Torr 时 AlN 的生长速率要比 100 Torr 时高一个数量级。气体压强增加会加剧预反应，从而导致 Al 源消耗的增加，最终使得 AlN 的生长速率下降。与在 10 Torr 下生长 AlN 相比，在 100 Torr 下生长 AlN 反应腔室沉积的白色粉末大量增加，这些粉末是预反应的产物，其 TEM 形貌像

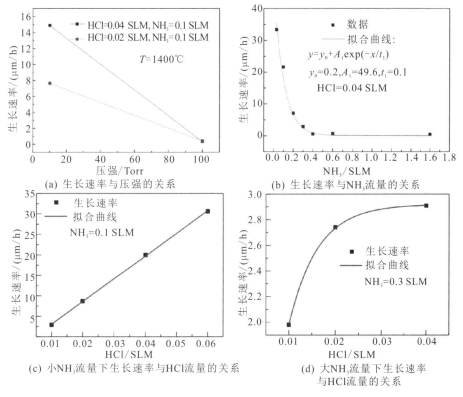

(a) 生长速率与压强的关系

(b) 生长速率与 NH$_3$ 流量的关系

(c) 小 NH$_3$ 流量下生长速率与 HCl 流量的关系

(d) 大 NH$_3$ 流量下生长速率与 HCl 流量的关系

图 5.6　HVPE 生长 AlN 的生长速率与输入参数的关系

如图 5.5 所示。图 5.6(b) 是生长速率与 NH_3 流量的关系，在固定 HCl 输入流量的情况下，改变输入的 NH_3 流量，随着 NH_3 流量的增加，AlN 的生长速率呈现指数式下降，这表明大 NH_3 流量会加剧预反应。在小 NH_3 流量下，增加 HCl 流量，AlN 的生长速率几乎是线性增加的，如图 5.6(c) 所示；而在大 NH_3 流量下，增加 HCl 流量，AlN 的生长速率呈现非线性变化，如图 5.6(d) 所示。这些现象说明减少 NH_3 流量可以抑制预反应。在预反应较强烈的生长区间，由于输入 (Al/N) 源的流量和到达衬底表面 (Al/N) 源的流量的非线性关系，不但 AlN 的生长速率明显降低，而且 AlN 的生长模式调控变得困难，生长窗口也变得很窄。通常采用低压强和小 V/Ⅲ 比生长的方法来减缓预反应的影响，但是最近也发展出了新技术，如用 N_2 作为 N 源抑制预反应[83]。

以 N_2 为 N 源 HVPE 生长 AlN，需要高温和 H_2 的辅助来增加 N_2 分解成氮原子 (离子) 的概率。实验表明，在 1500℃ 下，如果没有 H_2 的辅助，AlN 的生长就难以进行[83]。图 5.7 对比了在以 NH_3 为 N 源和以 N_2 为 N 源的条件下，AlN 生长速率随 V/Ⅲ(N/Al) 比的变化而变化的情况。以 NH_3 为 N 源，AlN 生长速率随 V/Ⅲ 比的增加而呈现指数式下降，这是因为随着 V/Ⅲ 比的增加，预反应变得更剧烈，导致大量的 Al 源在到达衬底表面前被消耗掉，从而使得 AlN 薄膜生长速率降低。以 N_2 为 N 源，AlN 生长速率随 V/Ⅲ 比的增加而线性增加，这是因为 AlN 生长是在富 Al 区间进行的，增加 N 源的供给有利于增加 AlN 的生长速率。另外，由于 HVPE 设备采用的是感应加热 (只加热衬底的技

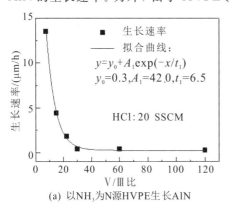

(a) 以 NH_3 为 N 源 HVPE 生长 AlN

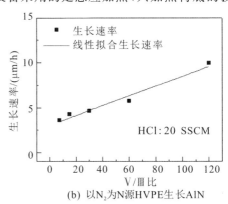

(b) 以 N_2 为 N 源 HVPE 生长 AlN

图 5.7　生长速率与输入 V/Ⅲ 比的关系

术），因此 N₂ 在到达衬底之前温度都不是特别高，这使得 N₂ 的分解比例很低，从而不易于与 Al 源发生预反应。

5.4　AlN 外延膜位错密度的降低

本书第 3 章已经阐述过穿透位错起源于岛合并，而位错的滑移运动主要是由表面镜像力驱动的。因此，要降低 AlN 外延膜的位错密度，一要尽量使在衬底上形成的 AlN 岛晶向趋于一致，二要利用表面镜像力使位错侧向弯曲，增加位错相遇与合并的概率。

5.4.1　两步法生长

异质外延两步法生长 AlN，可通过改变生长条件降低外延膜的位错密度、改善外延膜的表面形貌。根据外延膜的表面形貌特征，可以将外延生长分为四个阶段，如图 5.8 所示。图 5.8(a) 描述了第一阶段，该阶段衬底上 AlN 成核，形成小岛，小岛相遇产生位错。图 5.8(b) 描述了第二阶段，该阶段小岛合并成

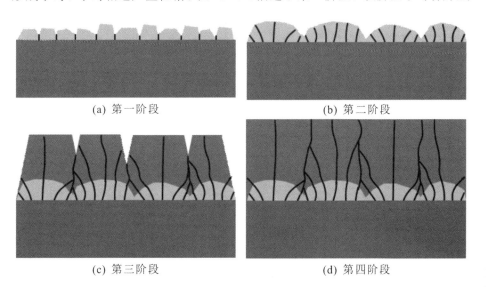

(a) 第一阶段　　(b) 第二阶段　　(c) 第三阶段　　(d) 第四阶段

图 5.8　AlN 外延生长的四个阶段

大岛，大岛不断长大，位错在表面镜像力的作用下弯曲。图 5.8(c)描述了第三阶段，该阶段大岛合并成连续膜，位错不断合并。图 5.8(d)描述了第四阶段，该阶段连续膜不断生长。位错的产生主要发生在第一阶段，位错的弯曲和合并主要发生在第二和第三阶段。在连续膜生长阶段，如果缺少表面镜像力的作用，位错密度将难以进一步降低。

图 5.9 是两步法生长的三种 AlN 厚膜样品的 TEM 弱束暗场衍衬像，其中：(a)和(b)对应样品 1，采用 1350℃ HVPE - AlN 缓冲层；(c)和(d)对应样品 2，采用 1050℃ MOCVD - AlN 缓冲层；(e)和(f)对应样品 3，采用 1050℃ HVPE - AlN 缓冲层。所有比例尺长度均为 1 μm。第一步（缓冲层，厚度为 200 nm 左右）的生长条件见表 5 - 1 及文献[82]。第二步 HVPE 外延生长 AlN 厚膜，生长温度为 1400℃，厚度为 3～7 μm。提高缓冲层的生长温度可以降低 AlN 厚膜的位错密度，这是因为高温成核有利于减少 AlN 岛之间的晶向差，从而减少岛合并时产生的位错。另外，从图 5.9(a)、(b)可以看出，在高温缓冲层上生长的

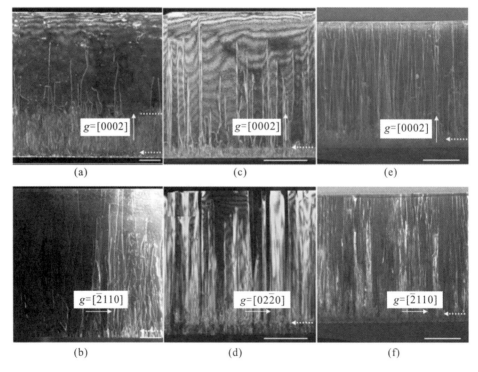

图 5.9　两步法生长的三种 AlN 厚膜样品的 TEM 弱束暗场衍衬像[82]

AlN 样品的位错合并主要发生在离界面 0～2 μm 的区间；从图 5.9(c)、(d)、(e)、(f)可以看出，在低温缓冲层上生长的 AlN 样品的位错合并主要发生在离界面0～400 nm 的区间。这是因为高温成核，AlN 岛的尺寸比较大，经历图 5.8 所示的第二和第三阶段过程较长，使得位错充分相互作用与合并。

表 5-1　两步法生长的三种 AlN 厚膜样品对应的第一步的生长条件

		样品 1	样品 2	样品 3
缓冲层		1350℃ HVPE	1050℃ MOCVD	1050℃ HVPE
半高宽(FWHM)/arcsec	(0002)	205	456	1243
	$(10\bar{1}2)$	353	4884	1972
穿透位错密度/cm^{-2}	螺位错	8.8×10^{7}	4.2×10^{8}	3.1×10^{9}
	刃位错	2.2×10^{8}	5.1×10^{10}	6.6×10^{9}
	混合位错	3.0×10^{8}	5.1×10^{10}	9.7×10^{9}

5.4.2　侧向外延

由于找不到合适的掩膜材料，AlN 的侧向外延只能在无掩膜图形衬底上进行。而 AlN 的侧向生长速率低，所以衬底图形的占空比不能太小，否则 AlN 薄膜的沿厚度方向合并距离会很长。

一般 HVPE 生长 AlN 厚膜用的图形衬底，实际上是在 AlN 模板(在蓝宝石衬底上生长几微米 AlN)上加工图形，而不是直接在蓝宝石衬底上加工图形。之所以这样做，一是因为在 AlN 模板上刻蚀图形比在蓝宝石衬底上更容易，二是因为在 AlN 模板上生长有利于 AlN 厚膜晶体质量的提高。图 5.10 是在图形 AlN 模板衬底上生长的 AlN 厚膜的扫描电镜(SEM)图像，白色虚线表示图形衬底中的 MOCVD-AlN 台面。图形为平行[$1\bar{1}00$]方向的沟槽，台面(TR)与沟槽(VCR)的宽度相近。由于是无掩膜生长，因此台面上与沟槽里都会同时生长 AlN，最后 AlN 合并时会在沟槽上方留下一些长孔。

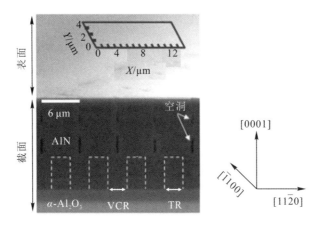

图 5.10 在图形 AlN 模板衬底上生长的 AlN 厚膜的扫描电镜(SEM)图像
(VCR 和 TR 分别表示含沟槽区域和台面区域)[80]

图 5.11(a)和(b)分别显示了具有衍射矢量 $g=[0002]$ 和 $g=[11\bar{2}0]$ 的 AlN 厚膜中相同区域的截面 TEM 图像，图 5.11(c)给出了观察到的位错结构的示意图。值得注意的是，在不同生长区域中位错的分布是完全不同的。Ⅰ区充满了密度非常高的 a 型、c 型和 a+c 型位错。Ⅱ区在台面侧壁附近出现了 c 型螺位错(用 $D_Ⅱ$ 表示)和 a 型的弯曲位错(用 $D_Ⅱ^*$ 表示)，这些位错是 MOCVD - AlN 的穿透位错从台面内延伸出来的。区域Ⅲ有 a 型刃位错(用 $D_Ⅲ$ 表示)，其起源于台面 MOCVD - AlN 的穿透位错。区域Ⅳ有 a 型的弯曲位

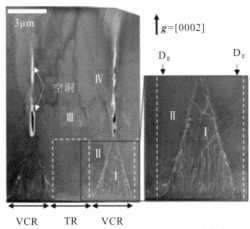

(a) 衍射矢量为g=[0002]的AlN厚膜中
某区域截面TEM图像

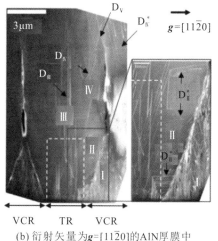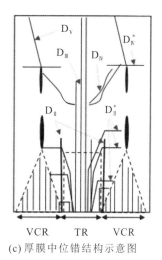

(b) 衍射矢量为**g**=[11$\bar{2}$0]的AlN厚膜中
相同区域截面TEM图像　　(c) 厚膜中位错结构示意图

图 5.11　具有衍射矢量 **g**=[0002] 和 **g**=[11$\bar{2}$0] 的 AlN 厚膜中相同区域的截面 TEM 图像
（白色虚线表示 MOCVD 生长的 AlN 台面）以及厚膜中位错结构示意图[80]

错（用 D$_{IV}$ 表示），其起源于区域Ⅲ中的穿透位错和躺在水平（0001）平面的 a 型
位错（用 D$_{IV}^{*}$ 表示），它们是由合并引起的。位于合并位置的位错用 D$_{V}$ 表示，它
们是 a 型位错，可能起源于 D$_{IV}^{*}$，它们可以延伸到薄膜表面。根据研究者用微区
XRD 摇摆曲线的 FWHM 估算，c 型加 a＋c 型位错的密度为 3.3×10^{7} cm^{-2}，
a 型位错的密度为 9.4×10^{8} cm^{-2}。由此可见，侧向外延对降低 AlN 外延膜的
位错密度的作用很有限，不过侧向外延的一个优点是可以获得较厚的无裂纹厚
膜（厚度从十几微米到几十微米不等）。

5.4.3　缓冲层退火技术

2016 年，日本三重大学的 Miyake 教授研究组用高温退火的办法将蓝宝石
上生长的柱状结构的溅射 AlN 层变成高质量的 AlN 薄膜。这提供了一个思
路：将缓冲层或者成核层高温退火，降低初始形成的位错密度，从而为后续生
长高质量的 AlN 外延膜打下基础。下面我们先讲述缓冲层退火的过程，然后
叙述一下这种工艺在 HVPE 生长 AlN 上的应用。

图 5.12 是厚度分别为 170 nm 和 340 nm 的两种溅射 AlN 薄膜的结构示
意图。溅射 AlN 薄膜是[0002]取向，但是会随着薄膜厚度的增加而略微倾斜。

这可能是因为薄膜达到大约 30～50 nm 的临界厚度后出现弛豫，从而导致了如图 5.12 所示的双层结构的形成。

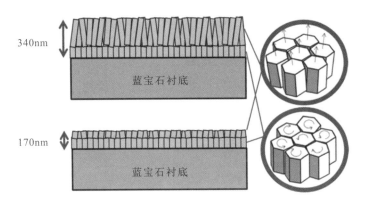

图 5.12　厚度分别为 170 nm 和 340 nm 的两种溅射 AlN 薄膜结构示意图[86]

将这两种溅射 AlN 薄膜置于氮气气氛中，在 1600～1700℃下退火 1 小时，其表面形貌的演变如图 5.13 所示。图 5.13 包括没有进行退火和在 1600～1700℃下进行了高温退火的样品。在进行退火之前，AlN 膜具有高密度的微小柱状结构，这些柱状结构的 AlN 膜在 1600℃ 及以上的温度下退火后，合并形成台阶形貌。

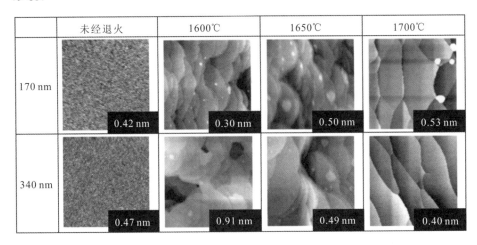

图 5.13　未经退火和在 1600～1700℃下进行高温退火的 170 nm 和 340 nm 厚的溅射 AlN 薄膜的原子力显微镜（AFM）图像（在 AFM 中使用的扫描面积是 1 μm×1 μm）[86]

图 5.14 显示了在未经退火和 1700℃ 退火的情况下 170 nm 厚的溅射 AlN 膜的(0002)面和(10$\bar{1}$2)面的 X 射线衍射(XRD)摇摆曲线。由于高温退火大幅减少了溅射 AlN 膜中倾斜和扭曲的成分,因此 AlN 膜的(0002)面和(10$\bar{1}$2)面的 XRD 摇摆曲线衍射峰在退火后均变得很窄。(0002)面和(10$\bar{1}$2)面 XRD 摇摆曲线的 FWHM 分别从 532 arcsec、6031arcsec 减少到 49 arcsec、287 arcsec。

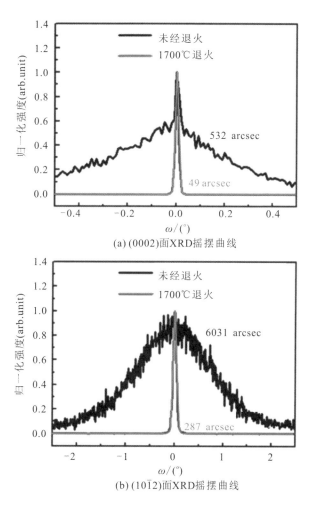

(a)(0002)面XRD摇摆曲线

(b)(10$\bar{1}$2)面XRD摇摆曲线

图 5.14　在未经退火和 1700℃ 退火的情况下 170 nm 厚的溅射 AlN 膜的(0002)面和 (10$\bar{1}$2)面的 XRD 摇摆曲线[86]

在退火的溅射 AlN 层上直接外延生长 AlN 薄膜，得到的外延膜的位错密度很低，但是很容易产生裂纹。实际上，外延膜的厚度达到 2 μm 其表面就已经裂纹密布了。

　　为了解决这一问题，2019 年，三重大学的研究组发展了将溅射 AlN 缓冲层和纳米图形化蓝宝石衬底(NPSS)结合，用 HVPE 生长 AlN 厚膜的技术。他们在纳米图形化蓝宝石衬底上溅射了 200 nm 的 AlN，然后将衬底放入氮气气氛中，在 1700℃下退火 3 小时后取出，用于 HVPE 生长 AlN 厚膜。

　　图 5.15(a)～(d)显示了在退火的溅射 AlN-NPSS 上，在不同生长温度下 HVPE 生长的 AlN 外延膜的表面形态。图 5.15(e)显示了在 1550℃的平面蓝宝石衬底(FSS)上生长的 AlN 层的表面形貌，该表面有退火的溅射 AlN 薄膜。在 1400℃(图 5.15(a))和 1450℃(图 5.15(b))下生长的 HVPE-AlN 外延膜的表面很粗糙，生长温度升高到 1500℃以上后，在 HVPE 生长的 AlN 外延膜表面可以观察到六角形小丘，如图 5.15(c)和(d)所示。在 1550℃(图 5.15(d))

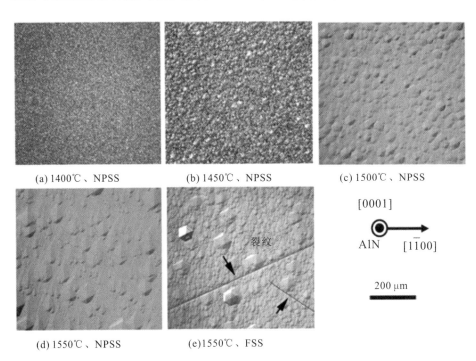

图 5.15　在带有退火的溅射 AlN 膜的 NPSS/FSS 上以不同生长温度生长的
　　　　　 AlN 外延膜的光学显微图像

下生长的 AlN 表面的小丘具有相对较平缓的侧壁。表面上未观察到凹坑，表明在 1500℃ 以上的生长温度下 AlN 层完全合并。

图 5.16 显示了在退火的溅射 AlN – NPSS 上，HVPE – AlN 外延膜的 XRD 摇摆曲线的 FWHM 值随生长温度（1400～1550℃）的变化而变化的情况。当温度升高至 1550℃ 时，AlN 的（0002）面和（10$\bar{1}$2）面 XRD 摇摆曲线的 FWHM 值分别降低至 102 arcsec 和 219 arcsec，这说明高温生长有利于 AlN 晶体质量的提高。在 1400℃ 下生长的 AlN 晶体质量很差，此时（10$\bar{1}$2）面 XRD 摇摆曲线的 FWHM 太宽，导致衍射峰信号太弱而难以测量。当生长温度提高到 1550℃ 以上时，由于 AlN 的分解，其生长速率显著下降。作为对比，在相同条件下，在退火的溅射 AlN – FSS 上生长的 AlN 的（0002）面和（10$\bar{1}$2）面 XRD 摇摆曲线的 FWHM 值分别为 70 arcsec 和 395 arcsec。

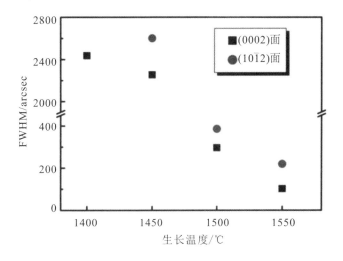

图 5.16 在 NPSS 上生长的 HVPE – AlN 外延膜的（0002）面和（10$\bar{1}$2）面 XRD 摇摆曲线的 FWHM 与生长温度的关系[87]

此外，在退火的溅射 AlN – NPSS 上生长的（9±1）μm 厚的 AlN 外延膜上没有观察到裂纹，但是在退火的溅射 AlN – FSS 上生长的相同厚度的 AlN 外延膜上观察到了裂纹（参考图 5.15(e)）。

图 5.17 显示了在退火的溅射 AlN – NPSS 上，分别以 1400℃ 和 1550℃ 生长的 AlN 外延膜的截面 SEM 图像及结构示意图。如图 5.17(a)所示，在

1400℃下生长时 AlN 表面很粗糙,并被偏离了 c 轴的小面覆盖。当生长温度升高到 1550℃时,AlN 外延层合并且表面平整,如图 5.17(b)所示。界面的放大图显示 AlN 外延层中空隙的位置对在 1400℃ 和 1550℃ 下生长的样品有所不同,这表明不同温度下的 AlN 生长模式不一样。此外,图 5.17(b)中 NPSS 上的锥状结构的尖端在 1550℃时发生了分解,这在随后的 TEM 观察中得到了证实。

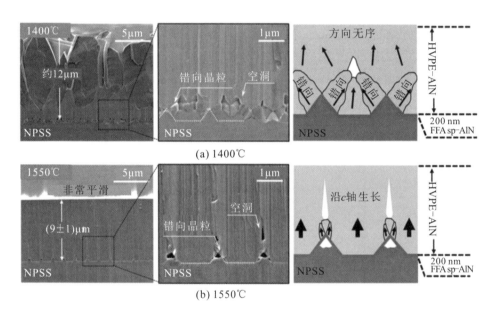

图 5.17 在退火的溅射 AlN - NPSS 上分别以 1400℃ 和 1550℃ 生长的
AlN 外延膜的截面 SEM 图像及结构示意图[87]

截面 TEM 常被用来研究在退火的溅射 AlN - NPSS 上 HVPE 生长的 AlN 外延膜中的位错行为,如图 5.18 所示。AlN 层完全合并时的厚度约为 1.8 mm,该厚度小于使用侧向外延技术在图形化衬底上生长的 AlN 的合并厚度。黑色衬度的区域是在非 c 面蓝宝石平面上生长出来的非 c 轴取向生长的 AlN 晶粒,这与图 5.17 一致。双束衍射条件用于表征 AlN 和 NPSS 之间界面附近的位错。很明显穿透位错主要在相邻两部分独立生长的 AlN 晶体的合并处产生,而不是 AlN 与蓝宝石的界面处。TEM 观察证明 NPSS 平面区域中高质量的退火的溅射 AlN 层有助于提高 HVPE - AlN 的晶体质量。

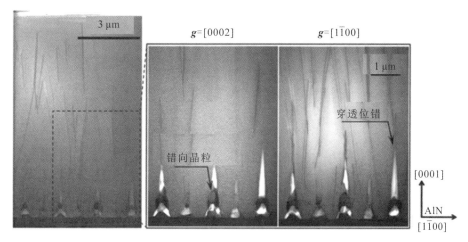

图 5.18　在 1550℃ 下用退火的溅射 AlN - NPSS 生长的 AlN 外延膜的

截面 TEM 图像(使用双束衍射观察穿透位错)[87]

5.5　自支撑氮化铝单晶制备

　　HVPE 制备的第一片大尺寸 AlN 自支撑衬底是由美国 TDI 公司在 2005 年报道的。该公司用 HVPE 在 2 英寸图形化 SiC 衬底上生长了 $30 \sim 50~\mu m$ 的 AlN 厚膜。图 5.19 是在图形化 SiC 衬底上生长的 AlN 厚膜的截面 SEM 图像

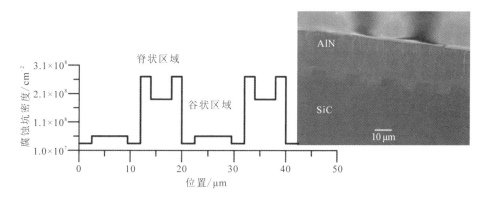

图 5.19　在图形化 SiC 衬底上生长的 $35~\mu m$ 厚的 AlN 层表面上的腐蚀坑(EPD)分布(左)和

AlN/SiC 结构的横截面 SEM 图像(右)[11]

和不同位置的腐蚀坑密度（反应位错密度）。通过反应离子刻蚀掉 SiC 衬底，最终获得 AlN 自支撑衬底。图 5.20 为 2 英寸 AlN 自支撑衬底的照片，其厚度为 50 μm。

图 5.20　2 英寸 AlN 自支撑衬底图[52]

　　图 5.21 显示的是日本德山公司和东京农工大学研究组联合发布的单晶/多晶复合衬底和自支撑 AlN 衬底的制备过程，图中左下、下中间、右下显示的照片依次是单晶/多晶复合衬底、在单晶/多晶复合衬底上生长的 300 μm 厚的 AlN 层和去掉多晶层后的自支撑 AlN 衬底。单晶/多晶复合衬底是使用(111)Si 作为起始衬底，并通过特定步骤制造的。先在氢氟酸(5%)溶液中刻蚀硅衬底，去除其表面的氧化物，之后将衬底装到 HVPE 设备中生长 AlN。首先，通过 HVPE 在(1200±1)℃下以约 0.9 μm/h 的生长速率在硅衬底上生长 0.3 μm 厚的(0001)面 AlN 单晶层。然后，通过 HVPE 在 980℃下以约 100 μm/h 的生长速率生长 230 μm 厚的 AlN 多晶层。生长完毕后，从 HVPE 设备中取出样品，在室温下用化学腐蚀剂（体积比为 HF：HNO_3：CH_3COOH：H_2O=1：2：1：4）浸泡 12 小时除去硅衬底。尽管第一外延层（0.3 μm 厚的 AlN 单晶层）很薄，但是它几乎不溶解在腐蚀剂中。通过以上步骤即可制备出单晶/多晶复合衬底。第一单晶 AlN 外延层由第二多晶 AlN 基底支撑。由于硅衬底的表面平坦，因此复合衬底的第一单晶 AlN 外延层的表面为镜面状。复合衬底的颜色为白色至棕色，曲率半径在 0.3～3.0 m 范围内。颜色和曲率半径很大程度上取决于生长温度和到达衬底表面上原料气体的流量。

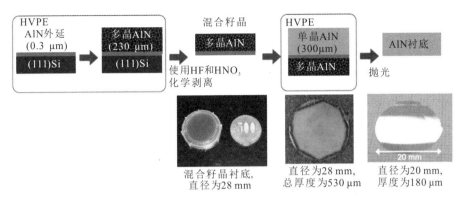

混合籽晶衬底，
直径为28 mm

直径为28 mm，
总厚度为530 μm

直径为20 mm，
厚度为180 μm

图 5.21　单晶/多晶复合衬底和自支撑 AlN 衬底的制备过程示意图[12]

　　接下来，在复合衬底的单晶 AlN 外延层一侧上生长厚的 HVPE 单晶膜。先将复合衬底升温至 1490℃。当温度高于 800℃时，需通入 NH_3 以防止复合衬底的薄单晶 AlN 外延层分解。温度稳定 10 分钟后，开始生长厚的单晶 AlN 层，生长速率约为 17 μm/h。生长结束后，AlN 衬底以 −4℃/min 的速度缓慢冷却至室温。之后，通过机械抛光去除 AlN 多晶基底，从而得到厚的单晶 AlN 层。对两面进行机械抛光，将厚的单晶 AlN 层用于制备自支撑 AlN 单晶衬底（图 5.21 中右下显示的照片）。

　　尽管自支撑 AlN 单晶衬底没有碎裂，但通过光学显微镜和截面 SEM 观察发现其中有不少裂缝，如图 5.22 所示。自支撑 AlN 单晶衬底包括的许多微裂纹在图 5.22 中由箭头标示，可以看出很多微裂纹没有穿透单晶层。

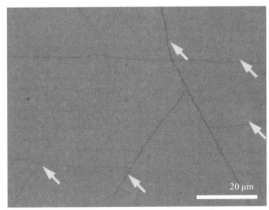

(a) 自支撑AlN衬底的表面显微图像
(内部裂缝由箭头标示)

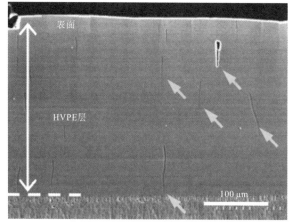

(b)在复合衬底上生长了300 μm厚的AlN层后的
横截面SEM图像(内部裂缝由箭头标示)

图 5.22　自支撑 AlN 衬底的光学显微图像和复合衬底的横截面 SEM 图像[12]

上面叙述的 300 μm 厚的自支撑 AlN 单晶衬底的(0002)面和(10$\bar{1}$2)面的 ω 摇摆曲线的 FWHM 分别为 2380 arcsec 和 5940 arcsec。与 100 μm 厚的 AlN 单晶膜((0002)面和(10$\bar{1}$2)面的 ω 摇摆曲线的 FWHM 分别为 1702 arcsec 和 1069 arcsec)相比，300 μm 厚的自支撑 AlN 单晶衬底的 FWHM 值变差。这些结果表明内部裂纹为低角度晶界，彼此之间略有倾斜或扭曲。

日本东京农工大学研究组还研究了先在 AlN 厚膜与蓝宝石衬底之间的界面处制造空隙，再通过自分离获得自支撑 AlN 衬底的技术。首先，将 50～200 nm 厚的 AlN/蓝宝石复合材料放在 H_2 和 NH_3 的混合气流中加热到 1400℃ 以上，氢原子从 AlN 表面以扩散的方式穿过 50～200 nm 厚的 AlN 薄膜，到达 AlN 厚膜与蓝宝石的界面处，并与蓝宝石发生反应，使得蓝宝石部分分解，从而在界面处形成空隙。随着热处理的温度和时间的增加以及 AlN 薄膜厚度的减小，在界面处分解的蓝宝石的体积增加。随后用这些界面处有空隙的 AlN/蓝宝石作为衬底，在上面生长 AlN 厚膜，并在随后的降温过程中，在空隙的作用下实现 AlN 厚膜与蓝宝石衬底的分离。借助该方法，该研究组获得了 79 μm 厚的自支撑 AlN 衬底，其位错密度约为 1.5×10^8 cm^{-2}。

AlN 薄膜厚度和热处理时间对在 AlN 层下方形成空隙的影响，主要是控

制 R_v 值(界面处的空隙比例)和 D_v 值(平均空隙深度),以便随后进行 AlN 厚膜的生长和自分离。图 5.23 显示了在 1450℃ 下热处理 15～60 min 后,AlN/蓝宝石界面的横截面 SEM 图像,AlN 厚度在 50～200 nm。当 AlN 的厚度恒定时,随着热处理时间的增加,空隙扩展并相互合并。当热处理时间固定时,随着 AlN 厚度的减小,空隙显著扩展。因此,气态 Al 或 H_2O(H 与蓝宝石 Al_2O_3 反应生成)在 AlN 中扩散的容易性与 AlN 的厚度负相关。将 50 nm 厚的 AlN/蓝宝石样品热处理 60 min(图 5.23(g)),在热处理过程中 AlN 层与蓝宝石衬底完全分离(R_v＝100％)。因此,R_v 也不是越大越好,合适的 R_v 对于自分离制备自支撑 AlN 衬底至关重要。

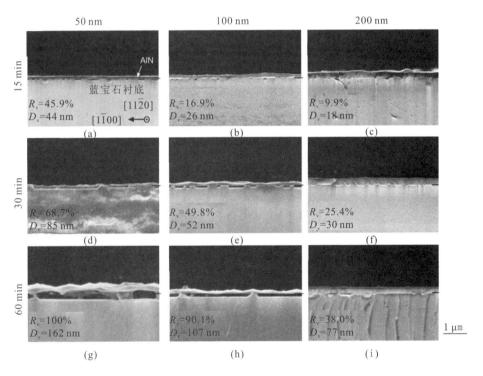

图 5.23　1450℃ 下在 H_2/N_2 混合气体中热处理 15～60 min 后沿[11$\bar{2}$0]方向观察的 AlN/蓝宝石界面的截面 SEM 图像[88]

图 5.24 显示了使用具有如图 5.23(a)、(e)和(i)所示的带空隙的 AlN 薄膜自分离获得的自支撑(0001)面 AlN 衬底的图像,其中(a)、(b)、(c)对应的用

于热处理的 AlN 薄膜的厚度和 R_v 值分别为 50 nm 和 45.9%、100 nm 和 49.8%、200 nm 和 38.0%。图 5.24(a) 的自支撑 AlN 衬底生长在 50 nm 厚的 AlN 薄膜上，R_v 为 45.9%，在生长过程中与蓝宝石衬底自分离，这是由于 50 nm 厚的 AlN 层易碎，导致生长的 HVPE-AlN 厚膜开裂，从而不能获得与所使用的蓝宝石衬底具有相同尺寸的自支撑 AlN 衬底。此外，所获得的自支撑 AlN 透明度低，这可能是由蓝宝石衬底分解所产生的 H_2O 引起的氧污染。相比之下，在厚度为 100 nm、R_v 为 49.8% 或厚度为 200 nm、R_v 为 38.0% 的 AlN 薄膜上生长 AlN 厚膜，可获得与蓝宝石衬底相同尺寸的透明的独立 AlN 衬底，如图 5.24(b) 和 (c) 所示。根据文献的描述，若使用 R_v 小于 20% 的 100 nm 厚的 AlN 薄膜，则不能从蓝宝石衬底上自分离出 AlN 自支撑衬底。

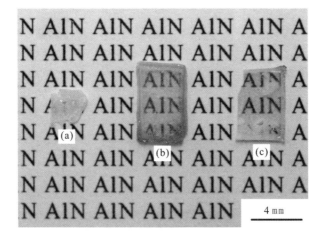

图 5.24　与蓝宝石衬底自分离的自支撑 (0001) 面 AlN 衬底 (厚度为 79 μm) 图像[88]

图 5.25 显示了自支撑 AlN 衬底的鸟瞰 SEM 图像，其中 (a)、(b)、(c) 对应的用于热处理的 AlN 薄膜的厚度和 R_v 值分别为 50 nm 和 45.9%、100 nm 和 49.8%、200 nm 和 38.0%。如图 5.25(a) 所示，在生长过程中自分离的 AlN 自支撑衬底 (图 5.24(a) 样品) 的表面很粗糙，这可能是由 AlN 的有效生长温度降低所致。另一方面，在降温过程中自分离的 AlN 自支撑衬底 (图 5.24(b) 和 (c) 样品) 具有镜面状的表面，尽管在图 5.25(b) 中可看到一些表面凹坑。从自支撑 AlN 衬底测得的 (0002) 面和 (10$\bar{1}$0) 面的 XRD 摇摆曲线的 FWHM 分别为

89.2 arcmin 和 126.1 arcmin（图 5.24（a）样品），38.2 arcmin 和 24.9 arcmin（图 5.24（b）样品），33.9 arcmin 和 18.4 arcmin（图 5.24（c）样品）。因此，当使用 200 nm 厚的 AlN 薄膜时，AlN 自支撑衬底的晶体质量是最佳的。

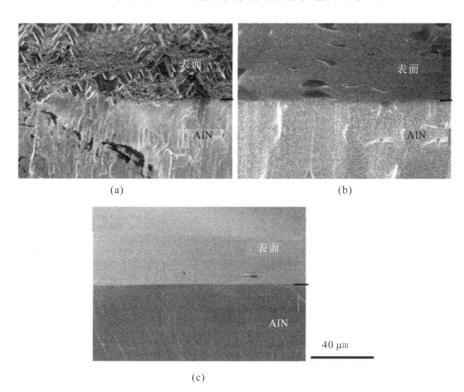

图 5.25　从蓝宝石衬底上自动分离的自支撑 AlN 衬底的鸟瞰 SEM 图像[88]

5.6　HVPE 同质外延技术

PVT 制备的 AlN 单晶衬底，位错密度可以低于 10^4 cm^{-2}。但是，PVT - AlN 含有大量碳、氧等杂质元素，这导致其在紫外波段光学透过率低，并有可能影响 AlN 的导热率和电学性质。为了获得低杂质浓度的 AlN 衬底，一种有效的方案是在 PVT - AlN 衬底上用 HVPE 同质外延生长低杂质浓度的 AlN 单晶层，最后去掉 PVT - AlN 衬底，留下 HVPE - AlN 单晶制作成晶片。已经证实，这种方案获得的 AlN 单晶晶片，其晶体质量相对 PVT - AlN 并未降低，但是其杂质浓度大幅降低，并在深紫外区域显示出较高的透过率。

日本在同质外延层制备自支撑 HVPE - AlN 衬底方面研究得最多，技术也最先进。日本德山公司、富士通和东京农工大学联合研究组通过 HVPE 在直径为 2 英寸的 PVT - AlN 衬底上同质外延生长 AlN 厚膜，并计划批量生产器件级的大直径 AlN 衬底。

图 5.26 展示了同质外延生长之后的整个衬底和衬底及外延层的横截面立体显微图像。图 5.26(a)是在 2 英寸(0001)面 PVT - AlN 衬底上进行 AlN 的同质外延生长之后的整个衬底；图 5.26(b)是 PVT 衬底和 HVPE 同质外延层的横截面的立体显微图像。整个过程采用由 Hexatech 公司生产的直径为 2 英寸的(0001)面 PVT - AlN 衬底，并使用卧式 HVPE 系统在 Al 极性面上同质外延生长 AlN 厚膜。PVT - AlN 衬底的厚度约为 400 μm，并且其向 m 方向的切角为 $0.30°$。先在室温下用去离子水对 PVT - AlN 衬底进行超音波清洗，然后使用三聚氰胺海绵加去污剂对其进行表面清洁，再将其置于 HVPE 反应器中的覆盖热解氮化硼涂层的石墨基座上。用 $AlCl_3$ 和 NH_3 作气源，H_2 和 N_2 的混合物为载气，在 1475℃下以约 70 $\mu m/h$ 的生长速率同质外延生长厚度为 500 μm 以上的 AlN，同时以 10 r/min 的速率旋转衬底。HVPE - AlN 生长平均厚度为

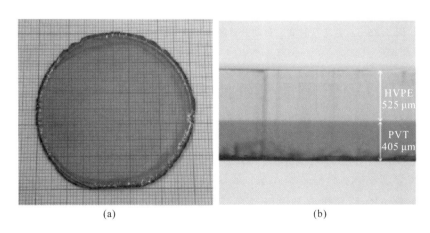

(a)   (b)

图 5.26　同质外延生长之后的整个衬底和衬底及外延层的横截面立体显微图像[89]

579 μm。在衬底的边缘附近，AlN 单晶与多晶 AlN 晶粒同时横向生长，使得衬底的直径随着同质外延层厚度的增加而增加。衬底横截面的立体显微图像清楚地显示了紫外透明同质外延层和带颜色的衬底之间的界面，这表明衬底的杂质并未明显扩散到同质外延层。

图 5.27 显示了从 HVPE – AlN 衬底的中心到边缘每 6 mm 通过 SIMS 测量的杂质浓度。为了比较，在图中还显示了 PVT – AlN 衬底中杂质浓度的典型值。HVPE – AlN 衬底中杂质浓度低于 PVT – AlN 衬底中杂质浓度，并且 HVPE – AlN 衬底中的杂质浓度几乎恒定。HVPE – AlN 中的主要杂质是 O 和 Si，它们的中心浓度分别为 3.8×10^{17} cm^{-3} 和 1.1×10^{17} cm^{-3}。在 HVPE – AlN 中还检测到了 B 和 Cl，但它们的浓度很低，中心浓度分别为 3×10^{15} cm^{-3} 和 2×10^{14} cm^{-3}。C 和 H 的浓度低于 SIMS 系统的背景水平，分别为 4×10^{15} cm^{-3} 和 2×10^{16} cm^{-3}。因此，在 PVT – AlN 衬底上生长的 HVPE – AlN 不仅具有高晶体质量，还具有高纯度。

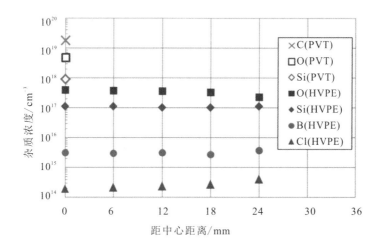

图 5.27　从 HVPE – AlN 衬底的中心到边缘每 6 mm 通过 SIMS 测量的杂质浓度[89]

图 5.28(a)显示了在 PVT – AlN(0001)衬底和同质外延膜(HVPE – AlN)中心测得的(0002)面和($10\bar{1}1$)面的 XRD 摇摆曲线。同质外延膜(HVPE – AlN)(0002)面和($10\bar{1}1$)面 XRD 摇摆曲线的 FWHM 分别为 13 arcsec 和 11 arcsec，这些值与 PVT – AlN 衬底的几乎相同。图 5.28(b)显示了相对于中

心位置的 PVT - AlN 衬底和同质外延膜（HVPE - AlN）的（0002）面 XRD 摇摆
曲线的 FWHM，在整个 2 英寸直径的衬底上观察到几乎恒定的 FWHM（11～
16 arcsec）。根据 XRD 摇摆曲线峰值的测量位置依赖性，计算得同质外延膜的
曲率半径为 43 m。

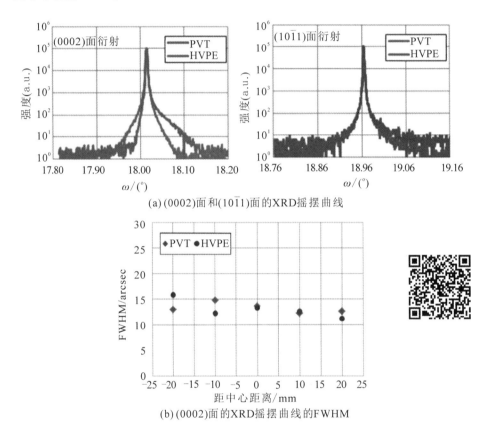

(a)（0002）面和（10$\bar{1}$1）面的 XRD 摇摆曲线

(b)（0002）面的 XRD 摇摆曲线的 FWHM

图 5.28 在 PVT - AlN（0001）衬底和同质外延膜（HVPE - AlN）中心测得的（0002）面和

（10$\bar{1}$1）面的 XRD 摇摆曲线及（0002）面 XRD 摇摆曲线的 FWHM[89]

第 6 章

金属有机物化学气相沉积法制备
氮化铝单晶薄膜

6.1 简介

虽然 AlN 体单晶被认为是制备如深紫外 LED 等 AlN 基器件的理想衬底，但是 AlN 体单晶衬底高昂的制备成本和较小的尺寸使得其大规模应用受到限制。在短时期内 AlN 体单晶衬底几乎无法取代在蓝宝石衬底上外延的 AlN 模板衬底。然而，异质外延 AlN 模板通常会引入残余应变并导致高的穿透位错密度，这会在一定程度上降低器件的性能。

金属有机物化学气相沉积（MOCVD）法是制备氮化铝单晶薄膜和 AlGaN 基器件结构的主要技术。目前，国内外很多研究组和公司已经开展了相关的研究，这推动了 MOCVD 外延 AlN 技术的快速进步，发展出了包括高低温交替生长、迁移增强外延、侧向外延、缓冲层高温退火等提高 AlN 薄膜晶体质量的方法。

6.2 MOCVD 系统的基本结构

目前国际上 MOCVD 设备的制造商主要有德国的 AIXTRON（爱思强）公司、美国的 Veeco（维易科）公司。近年来国内多家企业如中微公司也成功研制出国产的 MOCVD 设备，开始与 AIXTRON 和 Veeco 竞争国内市场份额。MOCVD 的外观如图 6.1 和 6.2 所示，样品托盘如图 6.3 所示。

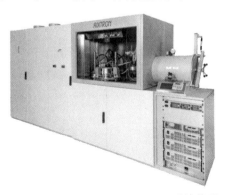

图 6.1　AIXTRON CCS MOCVD 系统外观

图 6.2　中微公司用于深紫外 LED 量产的　　图 6.3　**AIXTRON CCS MOCVD**
　　　　MOCVD 设备(**PRISMO HiT3**)　　　　　　　系统样品托盘

6.3　位错密度控制

6.3.1　变生长模式生长

前面的第 3 章中讲过,对于外延生长 AlN,位错弯曲的一个重要驱动力是生长表面的镜像力。薄膜在三维生长(岛长大)阶段和三维到二维转变(岛合并)阶段,位错在表面的斜面(或者侧面)的镜像力驱动下侧向弯曲,可以增加位错相遇合并的概率。利用这一原理,研究者发明了变生长模式工艺,可以有效地加速位错弯曲合并。

最简单的变生长模式工艺是两步法生长,第一步采用三维(岛状)生长的条件,第二步采用二维(台阶)生长的条件。实施两步法生长,可以改变两步生长的温度,采用低温加高温生长;也可以改变两步生长的 V/Ⅲ(N/Al)比,采用高 V/Ⅲ 比加低 V/Ⅲ 比生长。

多步生长是在两步法生长的基础上进行延伸,其基本原理与两步法生长是一致的,即通过多次改变生长条件来促进位错的弯曲和合并。为了降低位错密度,日本名城大学一个研究组采用多次改变 V/Ⅲ 比的技术生长 AlN 薄膜(见图 6.4)。AlN 样品结构的示意图如图 6.4(a)所示。AlN 的生长速率随 V/Ⅲ 比的增加而降低,如图 6.4(b)所示。这是因为在增加 V/Ⅲ 比的同时会增加 MOCVD 的预反应,消耗 Al 源,导致 AlN 生长速率下降。另外,在高 V/Ⅲ 比条件下生

长的 AlN 薄膜的表面是粗糙的,在低 V/Ⅲ 比条件下生长的 AlN 薄膜的表面是光滑的,这是因为在低 V/Ⅲ 比条件下,衬底表面存在较少的活性 N 原子而有利于 Al 原子在表面上的迁移。

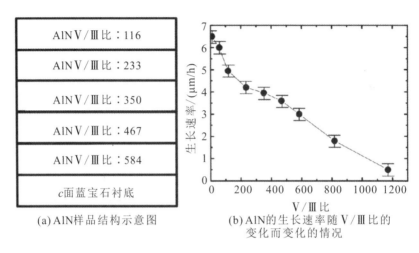

(a) AlN样品结构示意图

(b) AlN的生长速率随 V/Ⅲ 比的变化而变化的情况

图 6.4　采用多次改变 V/Ⅲ 比的技术生长 AlN 薄膜[90]

　　图 6.5 显示的是 AlN 在双束衍射条件下的截面 TEM 暗场像。AlN 生长模式随着 V/Ⅲ 比的变化而改变,许多位错也因此合并湮灭。如图 6.5(a) 所示,大多数螺位错通过形成环而湮灭。同样,大量刃位错也通过形成环而消失。但是,不少刃位错仍会穿透到表面,如图 6.5(b) 所示。

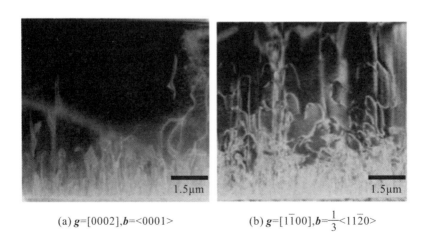

(a) $g=[0002], b=<0001>$

(b) $g=[1\bar{1}00], b=\frac{1}{3}<11\bar{2}0>$

图 6.5　AlN 在双束衍射条件下的截面 TEM 暗场像[90]

图 6.6 给出了 AlN 生长模式的演变过程及 AlN 生长过程中位错的演变。AlN 生长模式的演变示意图如图 6.6(a) 所示，最初形成 AlN 岛，随后随着生长进行岛不断合并从而形成更大的岛，最终实现二维生长。图 6.6(b) 显示了 AlN 生长过程中位错形成和演化的模型。最初，位错在岛合并界面产生。在生长过程中通过改变 V/Ⅲ 比改变了生长模式，位错随着生长模式的改变而逐渐合并减少。这种方法获得的 AlN 外延层 (0002) 面和 $(10\bar{1}0)$ 面的 XRD 摇摆曲线的 FWHM 值分别为 200 arcsec 和 400 arcsec。

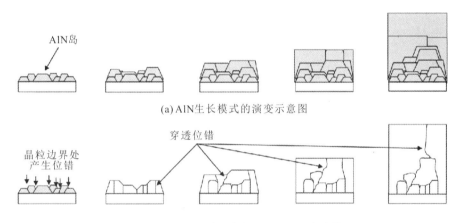

(a) AlN 生长模式的演变示意图

(b) AlN 生长过程中位错形成和演化的模型

图 6.6　AlN 生长模式的演变过程和 AlN 生长过程中位错的演变[90]

中科院半导体研究所闫建昌研究组采用低温/高温交替生长技术有效地降低了位错密度，获得了较高晶体质量的 AlN。低温/高温交替生长 AlN 模板 (AlN 薄膜/蓝宝石衬底) 的过程如图 6.7 所示。AlN 生长是在 MOCVD 系统中进行的。三甲基铝 (TMAl) 和 NH_3 分别用作 Al 源和 N 源，H_2 作为载气。在生长之前，将 c 面蓝宝石衬底在 1030℃ 的 H_2 环境中处理 2 分钟。首先在 600℃ 下以连续气流模式沉积低温 (LT) AlN 缓冲层，厚度约为 30 nm，V/Ⅲ 比约为 3000。然后将温度升至 1200℃ 生长 200 nm 高温 (HT) AlN 层，同时将 V/Ⅲ 比降低到 1000。之后，在 820℃ 下沉积 20 nm 的中温 (MT) AlN 层。在 MT-AlN 层的生长过程中，每生长 5 nm AlN，TMAl 和 NH_3 就会关闭 6 秒，而载气 H_2 始终处于打开状态。随后温度升至 1200℃，在第一个 20 nm MT-AlN 缓冲层上生长

第二个 200 nm HT - AlN 层。将 200 nm HT - AlN 层和 20 nm MT - AlN 层重复三个周期，在最后的 MT - AlN 层之上生长 1 μm HT - AlN 层。在上述所有过程中，MOCVD 腔室的压力均保持在 6.7 kPa 左右。

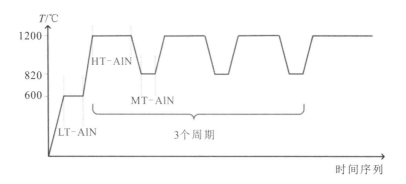

图 6.7　低温/高温交替生长 AlN 模板的过程示意图[91]

AlN 模板的表面形貌的 5 μm×5 μm AFM 图像如图 6.8 所示，图像显示的是原子级平坦表面，均方根(RMS)粗糙度小于 0.2 nm。

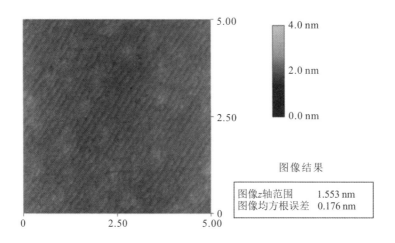

图 6.8　AlN 模板表面形貌的 5 μm×5 μm AFM 图像[91]

AlN 模板的 XRD 摇摆曲线如图 6.9 所示，(0002)面衍射峰的 FWHM 为 58.9 arcsec，而 (10$\bar{1}$2) 面衍射峰的 FWHM 为 383.1 arcsec(如图 6.9 中的蓝线和绿线所示)。作为比较，图 6.9 中还展示了在蓝宝石衬底上生长的相同厚度的普通 AlN 模板的 XRD 摇摆曲线。与上面讲述的新型 AlN 模板相比，这种普通 AlN 模板具有相同的 30 nm LT - AlN 缓冲层和相同生长条件的 HT - AlN 层，但没有任何 MT - AlN 中间层。普通 AlN 模板的(0002)面和(10$\bar{1}$2)面衍射峰的 FWHM 分别为 61 arcsec 和 523 arcsec(如图 6.9 中的黄线和红线所示)。相比之下，(0002)面衍射峰的 FWHM 没有显示出明显的差异，但(10$\bar{1}$2)面衍射峰的 FWHM 使用高低温交替生长技术后明显降低。

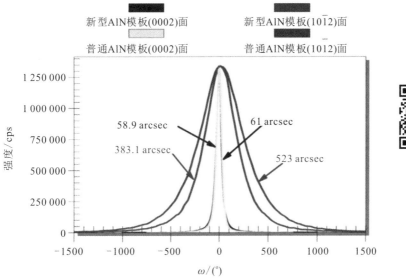

图 6.9　AlN 模板的 XRD 摇摆曲线[91]

图 6.10 显示了在双束衍射条件下的 AlN 模板的截面 TEM 明场像，图中深色的较粗的垂直黑线是由位错聚束形成的。图 6.10 中 AlN 模板的位错密度约为 10^9 cm^{-2}，与 XRD 摇摆曲线估算结果一致。在 MT - AlN 生长期间，TMAl 和 NH$_3$ 关闭了 6 秒。在相对高温下，H$_2$ 气体具有很强的还原性，并且在没有足够的 NH$_3$ 保护的情况下会腐蚀 AlN 外延层。关闭 TMAl 和 NH$_3$ 而打开 H$_2$ 时，结晶不充分的 AlN 表面可能会被 H$_2$ 部分腐蚀。当温度升至 1200℃ 时，MT - AlN 层的重结晶过程为随后的 HT - AlN 生长提供了位错弯曲和湮灭的驱动力，许多位错在最初的 600 nm AlN 层中被消除。由于 AlN 材料与蓝宝石衬底之间存在明显的晶格失配和热失配，因此随着 AlN 外延层越来越厚，外

延应力会逐渐积累，并在达到临界厚度后产生裂纹。MT-AlN层在较低的温度下生长，表现出相对较低的刚度，它们就像"弹性层"一样，可以吸收一定的应变能，从而有利于获得无裂纹的高质量AlN模板。

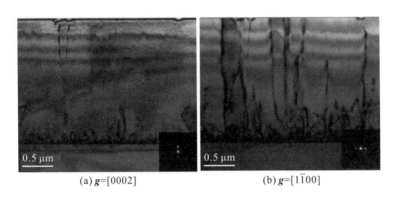

(a) $g=[0002]$ (b) $g=[1\bar{1}00]$

图6.10   在双束衍射条件下的AlN模板的截面TEM明场像[91]

6.3.2   脉冲外延

为了提高AlN材料的晶体质量，研究者发展了脉冲外延生长AlN技术。通过脉冲式通入Al源和NH_3的方法控制生长表面活性N原子的数量，增加Al原子在生长表面的扩散长度，从而实现AlN材料晶体质量的提高。

日本理化学研究所的研究组较早地利用脉冲式通入NH_3的技术，在低压MOCVD系统生长了高质量的AlN模板。图6.11是脉冲NH_3生长AlN技术的生长控制示意图。在AlN成核层沉积和合并阶段采用NH_3脉冲气流，而三甲基铝(TMAl)的气流则保持连续。通过AlN成核层的合并过程可以实现低AlN位错的合并。在AlN成核层的生长及合并之后，由于脉冲模式的低生长速率，AlN的表面仍然粗糙。为了降低AlN表面粗糙度，可以再用高生长速率、连续气流模式生长一层AlN。通过重复使用脉冲气流和连续气流模式，可以获得一个无裂纹的厚AlN外延层，其为原子级平整表面。由于Al原子迁移能力增强，因此脉冲NH_3气流生长可以有效地提高AlN的晶体质量。此外，富Al的生长条件对于获得实现原子级平整表面所需的稳定的Al极性($+c$，[0001]取向)是有利的。脉冲和连续气流模式的生长速率分别约为$0.66~\mu m/h$和$6~\mu m/h$。

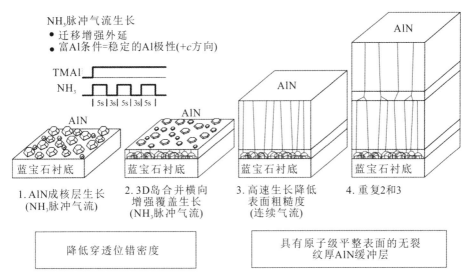

图 6.11　脉冲 NH₃ 生长 AlN 技术的生长控制示意图[92]

图 6.12 显示了 AlN 生长各个阶段的 (10$\bar{1}$2) 面 X 射线衍射 ω 扫描摇摆曲线的 FWHM，样品的总厚度为 3.3 μm。通过采用脉冲 NH₃ 气流生长方法，AlN 的

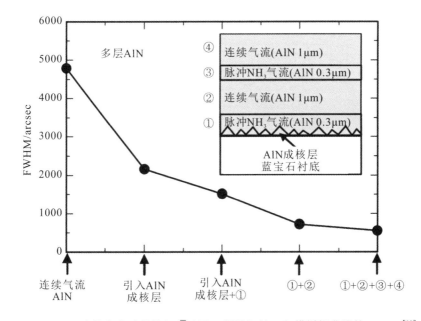

图 6.12　AlN 生长各个阶段的 (10$\bar{1}$2) 面 X 射线衍射 ω 扫描摇摆曲线的 FWHM[92]

$(10\bar{1}2)$面 X 射线衍射 ω 扫描摇摆曲线的 FWHM 从 2160 arcsec 降低到 550 arcsec。

另一种改进的脉冲气流生长方法——迁移增强外延(Migration Enhanced Epitaxy，MEE)技术，通过交替脉冲供应 Al 源和 N 源(氨气)，增强 Al 原子在生长表面的迁移能力(增加扩散长度)，从而实现 AlN 材料晶体质量的提高。

日本京都大学 Kawakami 研究组进一步改进了迁移增强外延技术，优化了前 Al 源和后 N 源脉冲的持续时间，使得前、后脉冲可能重叠，这样既保持了 Al 原子在生长表面的迁移能力，又实现了更好的原子结合，同时提高了表面覆盖率，从而改善了 AlN 的成核质量。利用改进的迁移增强外延技术，Kawakami 研究组用 MOCVD 制备了 600 nm 厚的 AlN 薄膜，其为原子级平整表面(没有凹坑和颗粒)，且其(0002)面和$(10\bar{1}2)$面的 XRD 摇摆曲线的 FWHM 分别达到 43 arcsec 和 245 arcsec[93]。

图 6.13 显示了三种方法生长(生长温度为 1200℃)的 600 nm 厚的 AlN 薄膜的 AFM 表面形貌，其中第一种方法为迁移增强外延(MEE)，第二种方法为 Kawakami 研究组提出的改进型迁移增强外延(改进的 MEE)，第三种方法是传统的无脉冲连续供应 Al 源和 N 源的 MOCVD 技术[93]。通过优化生长条件，

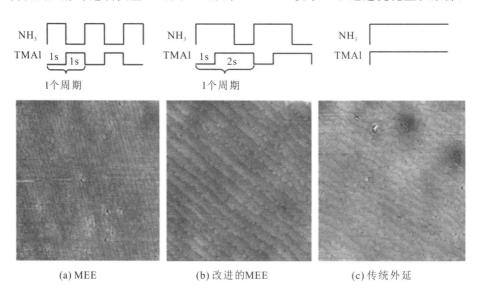

(a) MEE   (b) 改进的MEE   (c) 传统外延

图 6.13　三种方法生长的 600 nm 厚的 AlN 薄膜的 AFM 表面形貌图(比例尺代表 1 μm)[93]

三种生长方法获得的 AlN 薄膜均显示出原子级光滑表面。然而，MEE 生长的 AlN 薄膜表面有少量直径为 $10\sim50$ nm 的凹坑，如图 6.13(a)所示，这些凹坑是由岛合并不充分导致的。传统的 MOCVD 方法制备的 AlN 表面出现了更大的凹坑，甚至 Al 颗粒，如图 6.13(c)所示。相比之下，改进的 MEE 实现了无缺陷的原子级光滑表面，如图 6.13(b)所示。改进的 MEE 的均方根粗糙度为 0.12 nm，MEE 的均方根粗糙度为 0.35 nm，传统外延的均方根粗糙度为 0.52 nm。

XRD 对(0002)面和$(10\bar{1}2)$面的扫描进一步证实了 AlN 的质量，表 6-1 列出了三种外延方法的(0002)面和$(10\bar{1}2)$面 XRD 摇摆曲线的 FWHM 值。由表 6-1可知，三种方法的(0002)面的 FWHM 差距不大，但$(10\bar{1}2)$面的 FWHM 差距很大。

表 6-1　三种外延方法的(0002)面和$(10\bar{1}2)$面 XRD 摇摆曲线的 FWHM 值[93]

单位：arcsec

	MEE	改进的 MEE	传统外延
(0002)面	45.1	42.8	52.6
$(10\bar{1}2)$面	1443.5	244.5	889.1

不同生长方法的初始成核行为是由其迁移程度的差异造成的，三种外延方法生长的 AlN 在蓝宝石衬底上的初始成核方式如图 6.14 所示。对于 MEE(如图 6.14(a)所示)，迁移的 Al 原子容易找到蓝宝石台阶边缘，这是其主要的成

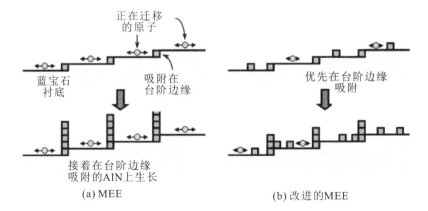

(a) MEE　　　　　　　(b) 改进的MEE

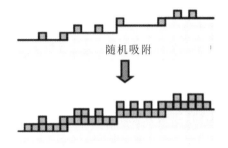

(c) 传统外延

图 6.14 三种外延方法生长的 AlN 在蓝宝石衬底上的初始成核方式示意图[93]

核位置，并且优先被吸附在此处。锐利的脊状结构表明迁移的 Al 原子优先被吸附在已经存在的 AlN 原子核上，这可能是由 Al 原子与 AlN 之间的化学匹配所致。随后这些山脊将继续生长，直到形核(也从台面开始)覆盖蓝宝石表面为止。如图 6.14(c)所示，在传统生长方法中观察到的成核的随机性表明 Al 原子的迁移可以忽略不计。对于改进的 MEE，其成核行为特性居于 MEE 和传统外延的中间。在传统生长模式下有许多形核点，Al 原子的扩散长度很短，而在改进的 MEE 下 Al 原子迁移表现良好，不过与 MEE 相比，Al 原子的迁移能力稍弱些。实际上，类似于 MEE，改进的 MEE 中也可以观察到脊状结构，但是其高度低于 MEE 形成的脊状结构，如图 6.14(b)所示。

6.3.3 图形衬底

近期，采用纳米图形化蓝宝石衬底(NPSS)实现高质量 AlN 模板制备的策略引起了广泛关注。在常规图形化蓝宝石衬底(PSS)上生长的 AlN 膜通常表现出较大的表面粗糙度和超过 $10\ \mu m$ 的高合并厚度，相比之下，NPSS 可以有效改善 AlN 膜的表面形貌并减少薄膜合并厚度(小于 $3\ \mu m$)。在众多研究组中，北京大学沈波教授研究组在 NPSS 上外延高质量 AlN 薄膜的研究成果最为丰硕。

图 6.15(a)显示了带有六角孔图案的 NPSS 的典型 $3\ \mu m \times 3\ \mu m$ AFM 图像。NPSS 上的图案形状为凹锥，周期为 $1\ \mu m$，对应于纳米压印印模的周期，

白色虚线表示表面上图案的轮廓。通过改变电感耦合等离子体（ICP）刻蚀的条件、腐蚀性液体的成分和湿法刻蚀的时间，可以制备不同孔径的图案化基板。之后，在相同的外延条件下生长 AlN 薄膜，包括 25 nm 厚的低温成核层和 6 μm 厚的高温 AlN 外延层。图 6.15（b）显示了通过聚焦离子束制样获得的 NPSS 的截面 STEM 图像。图 6.15（a）中 AFM 图像上的箭头指示了图 6.15（b）中衬底的横截面方向，AlN 外延层在约 3 μm 的厚度时已完全合并。图 6.15（c）给出了在 NPSS 上生长的 AlN 样品的表面形貌的典型 AFM 图像，图像显示 AlN 薄膜具有较长、均匀且平行的原子台阶的平坦表面。3 μm×3 μm 区域的均方

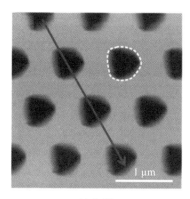

(a) NPSS的典型3 μm×3 μm AFM图像

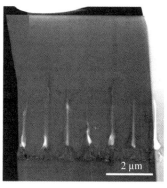

(b) NPSS的截面STEM图像

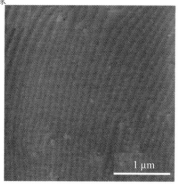

(c) 在NPSS上生长的AlN样品的表面形貌的典型AFM图像

图 6.15　NPSS 的典型 AFM 图像、截面 STEM 图像和在 NPSS 上生长的 AlN 样品的表面形貌的典型 AFM 图像[33]

根粗糙度低至 0.096 nm，表明在 NPSS 上可以得到具有原子级平整表面的 AlN 薄膜。

图 6.16 展示了 AlN(0002)面和 $(10\bar{1}2)$ 面的 X 射线双晶摇摆曲线的 FWHM 与 NPSS 孔径的关系。我们可以清楚地看到，(0002)面衍射峰的 FWHM 值随着孔径从 300 nm 增大到 650 nm 而从 247 arcsec 减小到 171 arcsec，随后当孔径增大到 800 nm 时又增大到 245 arcsec。$(10\bar{1}2)$ 面衍射峰的 FWHM 值也呈现出类似的变化过程，即首先从 404 arcsec 降低到 205 arcsec，然后增加到 410 arcsec，并在 650nm 孔径处也实现了最窄的 FWHM 值 205 arcsec。根据 FWHM 值估算相应的螺位错和刃位错密度分别为 6.3×10^7 cm^{-2} 和 3.2×10^8 cm^{-2}。相应的 TEM 图像和位错分析已经在第 3 章图 3.18 和图 3.19 展示过，这里不再重复。

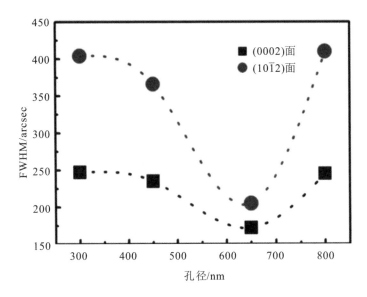

图 6.16　AlN(0002)面和 $(10\bar{1}2)$ 面的 X 射线双晶摇摆曲线的

FWHM 与 NPSS 孔径的关系[33]

进一步优化 NPSS 的周期和生长条件，可以进一步改善 AlN 的晶体质量。图 6.17(a)显示了基于小合并面积原理，周期为 1.4 μm 的六角形排列的孔型 NPSS 的典型 AFM 图像。图 6.17(b)显示出孔图案的深度是 280 nm，而台面的宽度可以通过改变刻蚀条件来调节。

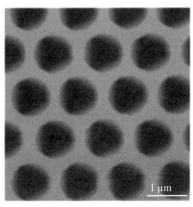

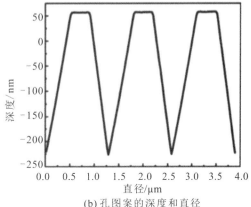

(a) 孔型NPSS的典型AFM图像   (b) 孔图案的深度和直径

图 6.17　孔型 NPSS 的典型 AFM 图像及孔图案的深度和直径[94]

图 6.18(a)显示了 XRD 摇摆曲线的 FWHM 值、平均合并厚度与孔径的关系。(0002)面和(10$\bar{1}$2)面的 FWHM 值随着孔径从 700 nm 增加到 800 nm 而减小，然后随着孔径从 800 nm 增加到 1000 nm 而增大。孔径为 800 nm 的 NPSS 上的(0002)面和(10$\bar{1}$2)面同时实现了最小的 FWHM 值，分别为 81 arcsec 和 194 arcsec。此外，随着孔径从 700 nm 增加到 1000 nm，由截面 TEM 数据获得的平均合并厚度从 2.5 μm 增加到 4.4 μm。Ⅴ/Ⅲ摩尔比是一

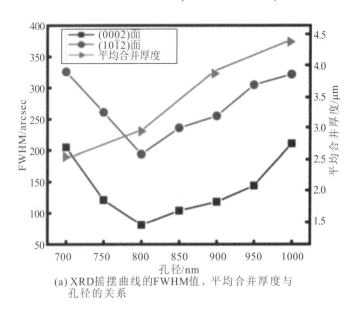

(a) XRD摇摆曲线的FWHM值、平均合并厚度与
孔径的关系

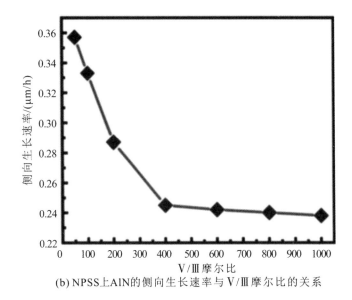

(b) NPSS上AlN的侧向生长速率与V/Ⅲ摩尔比的关系

图 6.18　NPSS 上 AlN 的生长规律

个非常敏感的参数，它可以有效地调节横向生长速率。横向生长速率过快通常会导致生长前沿倾斜和晶向不一致区域的合并，这会加剧孔上方不同合并区域之间的取向混乱。因此，有必要采用适当的 V/Ⅲ摩尔比来进行 NPSS 上的 AlN 生长。图 6.18(b)显示了 NPSS 上 AlN 的侧向生长速率与 V/Ⅲ摩尔比之间的关系。显然，当 V/Ⅲ摩尔比小于 400 时，随着 V/Ⅲ摩尔比增加，侧向生长速率会急剧下降，而当 V/Ⅲ摩尔比从 400 进一步增加到 1000 时，侧向生长速率仍然会出现微弱的下降，这表明存在较大的生长窗口可以实现较慢的侧向生长速率。

　　通过进一步优化生长条件，特别是采用略高于 600 的 V/Ⅲ摩尔比，可以在孔径为 800 nm、周期为 1.4 μm 的 NPSS 上生长 6.5 μm 厚的 AlN 外延膜，生长过程中部分样品形貌如图 6.19 所示。图 6.19(a)显示了具有直原子台阶的 AlN 样品的 AFM 表面形貌，其均方根粗糙度仅为 0.072 nm。图 6.19(b)显示 AlN 样品的(0002)面和($10\bar{1}2$)面的 FWHM 值分别达到 162 arcsec 和 181 arcsec，根据 XRD ω 扫描摇摆曲线的 FWHM 值估计的穿透位错的密度为 2.9×10^8 cm^{-2}。对比图形周期为 1 μm(图 6.15)，图形周期为 1.4 μm

（图6.17—图 6.19）的位错密度降低了 25％。图 6.19(c) 和 (d) 进一步研究了在双光束条件下的截面 TEM 明场像，衍射矢量分别为 $g=[0002]$ 和 $g=[11\bar{2}0]$。在衬底未刻蚀区域上产生的几乎所有螺位错和刃位错，都在侧向外延的镜像力驱动下朝孔隙侧壁弯曲（白色箭头标注），这有效地减少了穿透位错的密度。

(a) AlN样品的AFM表面形貌

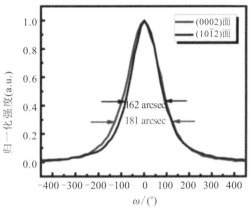

(b) (0002)面和(10$\bar{1}$2)面的XRDω扫描摇摆曲线

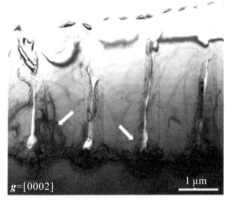

(c) 衍射矢量为g=[0002]的AlN样品的
TEM双束截面明场像

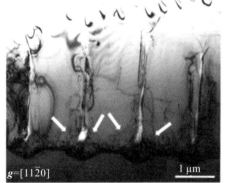

(d) 衍射矢量为g=[11$\bar{2}$0]的AlN样品的
TEM双束截面明场像

图 6.19　在孔径为 800 nm、周期为 1.4 μm 的 NPSS 上生长 AlN 过程中

部分形貌和关系图[94]

由于实现 NPSS 的制备工艺复杂且昂贵，一些研究组重新尝试在传统的微米 PSS 上外延 AlN 薄膜，也取得了很大进展。华中科技大学陈长青研究组报

告了在金字塔形图案的蓝宝石衬底上用低温（低于 1100℃）MOCVD 生长厚度
大于 10 μm 的高质量、无裂纹的 AlN 外延膜。

AlN 外延层是在垂直冷壁 MOCVD 反应器中在低压下生长的。三甲基铝
和氨气被用作 Al 源和 N 源，载气为氢气。首先，在 650℃ 的 PSS 上沉积 20 nm
的 AlN 成核层。随后，通过脉冲原子层外延（脉冲式供给 NH₃）方法在 1060℃
下生长 600 nm 厚的 AlN 薄膜。NH₃ 的脉冲时间和间隔时间分别为 3 s 和 15 s，
共经过 200 个循环才能达到该厚度。最终，在 1045℃ 下以 5 μm/h 的高生长速
率沉积了 10 μm 厚的 AlN 外延膜。

金字塔形 PSS 和在其上生长的 AlN 外延膜的表面形态的 AFM 图像如图
6.20 所示。图 6.20(a) 显示了金字塔形 PSS 表面形态的 AFM 图像，其高度为
154 nm，宽度为 1 μm。图 6.20(b) 显示了 AlN 表面形态的 3 μm×3 μm AFM
图像，该图像呈现出具有清晰且均匀的原子台阶的光滑表面。

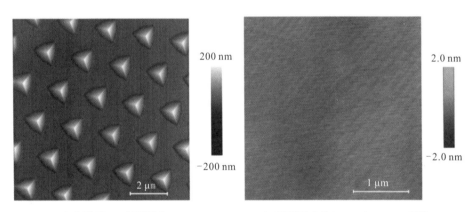

(a) 金字塔形PSS表面形态
的AFM图像

(b) AlN表面形态的3 μm×3 μmAFM图像

图 6.20　金字塔形 PSS 和在其上生长的 AlN 外延膜的表面形态的 AFM 图像[95]

图 6.21 显示了在金字塔形 PSS 上生长的 AlN 外延膜的 (0002) 面和 (10$\bar{1}$2)
面的 XRD 摇摆曲线，其 FWHM 值分别为 165 arcsec 和 185 arcsec，对应的螺
位错和刃位错的密度分别为 5.9×10^7 cm^{-2} 和 2.3×10^8 cm^{-2}，位错总密度小于
3×10^8 cm^{-2}。

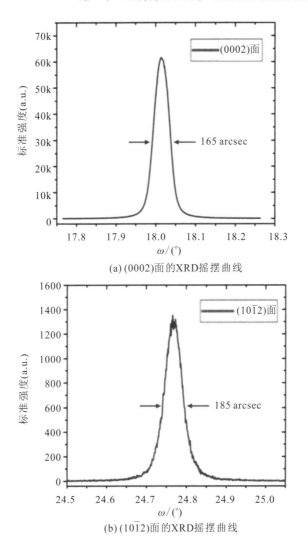

(a) (0002)面的XRD摇摆曲线

(b) (10$\bar{1}$2)面的XRD摇摆曲线

图 6.21　在金字塔形 PSS 上生长的 AlN 外延膜的(0002)面和(10$\bar{1}$2)面的 XRD 摇摆曲线[95]

图 6.22(a)显示了 AlN 外延层的横截面 SEM 图像。在金字塔图形的蓝宝石衬底上，AlN 的生长过程是典型的侧向外延生长，侧向外延生长的合并厚度约为 500 nm。最初的快速合并过程是由于脉冲原子层外延方法增加了吸附原子的迁移并提高了 AlN 的侧向生长速率。但是，在第一个合并过程之后会产生细长的孔洞，导致最终合并的厚度约为 6.6 μm。在图 6.22(b)所示的 TEM

明场像中，可以清晰地区分金字塔形图案和 AlN/蓝宝石界面，这表明在界面处形成的位错弯向金字塔图形并被限制在金字塔图形周围的三角形区域中。图 6.22(c) 和图 6.22(d) 中分别显示了 $g=[0002]$ 和 $g=[11\bar{2}0]$ 的 TEM 暗场像。在第一个合并过程之后，总位错密度约小于 5×10^8 cm^{-2}。当 AlN 外延层变得更厚时，还会有部分刃位错湮灭，最终到达 AlN 外延层表面的位错密度将更低。

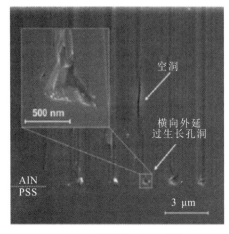

(a) AlN 外延层的横截面 SEM 图像

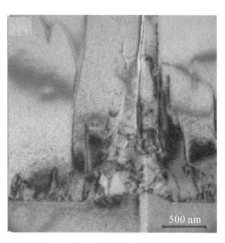

(b) 衬底和外延层之间界面的 TEM 截面明场像

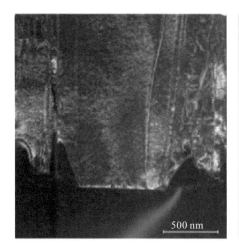

(c) $g=[0002]$的TEM双束暗场像

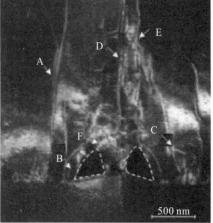

(d) $g=[11\bar{2}0]$的TEM双束暗场像

图 6.22　在金字塔图形的蓝宝石衬底上生长的 AlN 外延层的 SEM 图像、TEM 明场像、TEM 暗场像[95]

图 6.22(d)的 TEM 暗场像很好地证明了第一个合并过程和侧向外延形成的空隙(白色虚线显示)。值得注意的是，AlN 的生长不仅发生在 PSS 的平面上，还发生在锥体图案的顶部。这种生长模式可以进一步缩短 AlN 的横向生长距离，从而有效地加速 AlN 的合并过程，这是除脉冲原子层外延方法之外的另一个加速 AlN 合并的关键因素。

图 6.23 显示了金字塔形图形附近的位错弯曲和合并的过程。根据图6.22，AlN 外延层中的位错演化可分为 6 种过程，这些过程也在图 6.22(d)中标示。在 AlN 和图形衬底的界面处，位错演化有 A、B、C 和 D 四种过程，而在第一次合并之后又形成了 E 和 F 两种位错演化过程。对于 A 过程，位错将穿透到薄膜表面。对于 B 和 C 过程，位错要么通过镜像力弯曲到空隙中，要么与 E 过程的位错合并，这两个过程都会使原始位错湮灭。F 过程的位错通过形成位错环湮灭。对于 D 和 E 过程，位错垂直延伸向上，并与合并区中的残余应变结合，最终产生修长的空隙。这样的空隙是一个应变释放通道，对于获得无应变的 AlN 外延层至关重要。

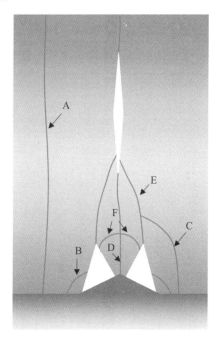

图 6.23　金字塔图形附近的位错弯曲和合并过程的示意图[95]

6.3.4 缓冲层退火技术

缓冲层退火技术是在岛生长阶段，通过高温处理来减少岛和岛之间的晶向差，进而减少到合并过程形成位错的数量的一种方法。三重大学 Miyake 研究组在这方面做了很多开创性的工作。他们研究了在碳饱和的 N_2-CO 混合物中退火 AlN 缓冲层对蓝宝石衬底上高质量 AlN 外延层生长的影响。AlN 通过 MOCVD 在 c 面蓝宝石衬底上生长。生长之前，将衬底在 1100℃ 的 H_2 环境中清洗 10 分钟。开始时厚度为 100～1000 nm 的 AlN 缓冲层在 1150～1200℃ 和 30 Torr 的压力下生长。随后，将 AlN 缓冲层在碳饱和的 N_2-CO 气体混合物中于 1500～1750℃ 下加热退火 2 小时。退火实验在石墨电阻炉中开展。

表 6-2 显示了 N_2 和 CO 气体的分压随退火温度的变化而变化的情况，退火期间混合气体的流量为 2.0 L/min。对于退火温度为 1700℃，N_2 和 CO 的分压分别为 0.9 atm 和 0.1 atm 的情况，由于 Al_2O_3 从 AlN 层和蓝宝石衬底的界面分解，AlN 缓冲层的表面变得粗糙[96]。

表 6-2　N_2 和 CO 气体的分压随退火温度的变化而变化的情况

退火温度/℃	分压/atm	
	N_2	CO
1500	0.9	0.1
1550	0.85	0.15
1600	0.8	0.2
1650	0.7	0.3
1700	0.6	0.4
1750	0.5	0.5

图 6.24 显示了厚度分别为 200 nm、300 nm 和 1000 nm 的 AlN 缓冲层

（在 1150℃ 下生长）在 1650℃ 退火前后的 AFM 图像。AlN 缓冲层的 RMS 表面粗糙度随 AlN 厚度的增加而增加。对 AlN 缓冲层进行退火后，其表面形貌发生了明显变化，并且 RMS 值得到了改善。特别地，厚度为 300 nm（图 6.24(e)）的退火 AlN 缓冲层的 RMS 值为 0.49 nm，并且在其表面观察到了原子台阶。然而，即使在退火之后，厚度为 1000 nm 的 AlN 缓冲层的表面也是粗糙的。

T_{Buf}=1150℃, T_{An}=1650℃, N_2：CO=0.7：0.3			
t_{Buf}	200 nm	300 nm	1000 nm
退火前AlN缓冲层　1 μm	RMS 2.49 nm　(a)	RMS 3.10 nm　(b)	RMS 14.20 nm　(c)
退火后AlN缓冲层	RMS 1.34 nm　(d)	RMS 0.49 nm　(e)	RMS 14.44 nm　(f)

图 6.24　在 1150℃ 下生长的厚度分别为 200 nm、300 nm 和 1000 nm 的 AlN 缓冲层在 1650℃ 退火前后的 AFM 图像（AFM 中的扫描区域为 5 μm×5 μm）[96]

图 6.25 显示了厚度为 100～1000 nm 的 AlN 缓冲层（在 1150℃ 下生长，并在 1650℃ 下退火）的 (0002) 面和 (10$\bar{1}$2) 面 XRD 摇摆曲线的 FWHM。与退火之前的样品相比，退火后样品的 XRD 摇摆曲线的 FWHM 明显降低，这表明通过退火改善了 AlN 的晶体质量。退火后 AlN 缓冲层的 (0002) 面 XRD 摇摆曲线的 FWHM 随着 AlN 缓冲层厚度的增加呈现出先减少后增加的特性，并在缓冲层厚度为 300 nm 时达到最小。退火后缓冲层厚度为 300 nm 的样品的 (0002) 面和 (10$\bar{1}$2) 面 XRD 摇摆曲线的 FWHM 分别为 68 arcsec 和 421 arcsec。

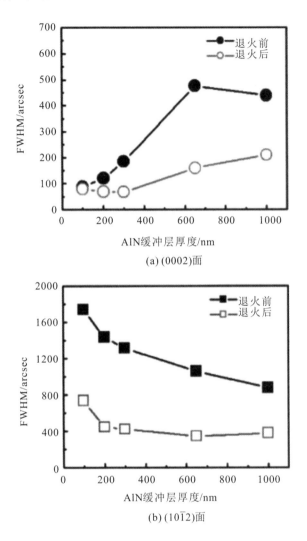

(a) (0002)面

(b) (10$\bar{1}$2)面

图 6.25　在 1150℃ 下生长的 AlN 缓冲层于 1650℃ 退火前后的 (0002) 面和 (10$\bar{1}$2) 面 XRD 摇摆曲线的 FWHM 与 AlN 缓冲层厚度的关系[96]

图 6.26 显示了在 1150℃ 下生长的厚度为 300 nm 的 AlN 缓冲层在 1500～1750℃ 退火前后的 AFM 图像。退火前的 AlN 缓冲层的表面具有小的晶粒，并且 RMS 值为 3.1 nm。在高于 1500℃ 的温度下退火后，RMS 值会随着退火温度的升高而明显降低。在 1650℃ 退火后，AlN 缓冲层的 RMS 值为 0.49 nm。

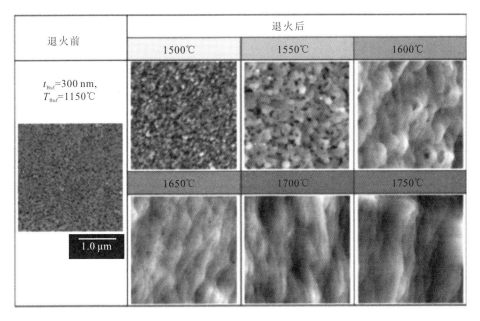

图 6.26　在 1150℃ 下生长的厚度为 300 nm 的 AlN 缓冲层在 1500~1750℃ 退火前后的
AFM 图像(AFM 中的扫描区域为 5 μm×5 μm)[96]

　　图 6.27 显示了在各种温度下退火之后的 AlN 缓冲层的(0002)面和
(10$\bar{1}$2)面 XRD 摇摆曲线的 FWHM,并用虚线表示出了退火之前用于 AlN
缓冲层的 XRD 摇摆曲线的 FWHM。(0002)面 XRD 摇摆曲线的 FWHM 在退

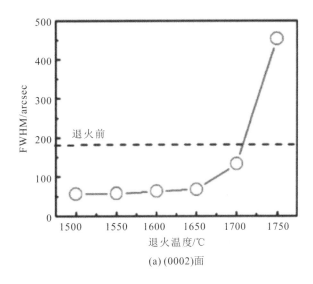

(a) (0002)面

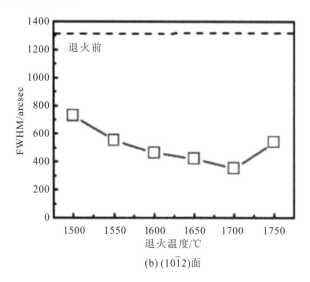

(b) (10$\bar{1}$2)面

图 6.27　生长温度为 1150℃、厚度为 300 nm 的 AlN 缓冲层在不同温度下退火后的 (0002)面和(10$\bar{1}$2)面 XRD 摇摆曲线的 FWHM(虚线表示退火之前 AlN 缓冲层的 XRD 摇摆曲线的 FWHM)[96]

火后先降低,在高于 1650℃的温度下又升高。(10$\bar{1}$2)面 XRD 摇摆曲线的 FWHM 随着退火温度的升高先降低,在 1700～1750℃的温度下又升高。对于在 1750℃下退火的 AlN 缓冲层,(0002)面和(10$\bar{1}$2)面 XRD 摇摆曲线的 FWHM 增加,并且由于 AlN 的分解,其表面变得粗糙。

对于 MOCVD 生长的 AlN 缓冲层,其生长温度为 1200℃,厚度为 300 nm。在 1700℃下退火 1 小时后,继续在 1450℃下生长厚度为 2 μm 的 AlN 外延膜。AlN 外延膜的(0002)面和(10$\bar{1}$2)面的 XRD 摇摆曲线的 FWHM 分别为 16 arcsec 和 154 arcsec[96]。

第 7 章

氮化铝器件应用

7.1 氮化铝紫外发光二极管

7.1.1 紫外发光二极管(UV-LED)的应用

根据不同波长的紫外线对材料和生物的不同影响,一般将紫外线辐射分为三个光谱带:UVA(320~400 nm)、UVB(280~320 nm)和 UVC(200~280 nm),其中 UVA 长波紫外线经常被称为近紫外线,UVC 短波紫外线经常被称为深紫外线。由于太阳光中的 UVC 部分因被地球大气层散射和吸收而剧烈衰减,因此地球上大多数生物体没有进化出针对该部分高能光子的暴露防御机制。研究表明,暴露于 UVC 辐射(200~280 nm)中会导致微生物核酸发生光化学变化(DNA 或 RNA 结构被破坏),从而使微生物失去活力。灭活速率与曝光剂量成比例,曝光剂量由紫外线辐射强度和曝光时间决定。在特定剂量水平下,细菌、孢子和病毒将被灭活。尽管剂量水平随微生物的类型而变化,但通常 40 mJ/cm² 的剂量足以灭活大多数细菌、孢子和病毒。由于输出功率水平在 100 mW 范围内,因此当前的 UVC-LED 已经可以满足这种剂量要求,这使其适用于中等容量的水消毒场景,例如家庭使用或移动应用。除了用于破坏化学键之外,紫外线还可以用于触发化学反应,例如紫外线固化中的聚合过程,这些过程通常在较低的光子能量中发生,如 UVA(320~400 nm)和 UVB(280~320 nm)光谱带。以前,对于大多数 UV 固化应用,都使用低压或中压汞灯。尽管水银灯的效率足够高,但它们体积大且易碎,需要较长的预热时间,会散发热量,仅在几个特定的波长发射,并且含有有毒物质。相反,基于Ⅲ族氮化物的 UV-LED 寿命长,对环境友好,并且其发射波长可根据材料成分自由选择。因此,Ⅲ族氮化物基 UV-LED 已被广泛用于各种紫外固化应用,例如涂料、油墨、黏合剂、复合材料和立体光刻。紫外线也可用于促进生物体内的光化学反应,例如在温室或室内农场中用 UVB 光照射植物,可以自然地提高植物次生代谢产物的浓度,生长出更健康、更美味的水果和蔬菜。光疗是紫外线与人体皮肤组织相互作用的一种应用，相互作用过程很复杂，简单地说，紫外线辐射可引起细胞反应，因而可用于治疗多种皮肤疾病，包括牛皮癣、白癜风等[4]。

图 7.1 总结了 UV-LED 的一些重要应用，包括上面未讨论的应用，例如医学诊断、各种表面的消毒、废水处理和气体感应等。

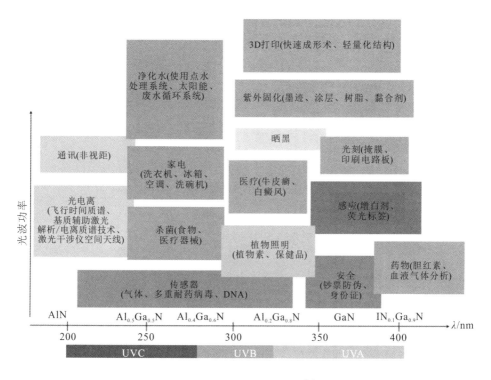

图 7.1　UV-LED 的应用[4]

7.1.2　紫外发光二极管(UV-LED)的发展现状

UV-LED 的性能特征很大程度上取决于其发射波长。图 7.2 给出了近二十年不同国家、不同机构关于 AlGaN 基的 UV-LED 的外量子效率(EQE)与发射波长关系的研究数据。

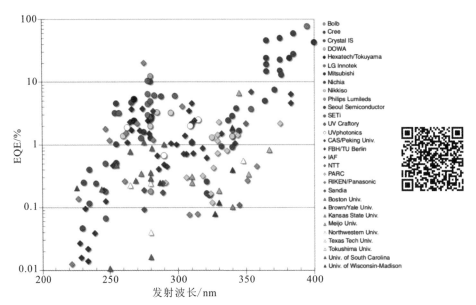

图 7.2 近二十年发展中基于 AlGaN 的 UV - LED 的 EQE 与发射波长的关系[4]

值得注意的是，发射波长小于 365 nm 时 EQE 大幅下降，此时 EQE 基本在个位数百分比范围内，远远小于基于 InGaN 的近紫外发射器（365～400 nm）和蓝光 LED（EQE 为 46%～76%）。尽管最近已经报道了在 275 nm 附近的 UV - LED 的峰值 EQE 达到 20%，但在小于 250 nm 的波长范围内 EQE 仍然急剧下降，并且整个 UVB 波段都有明显的下降[97]。

为了更好地理解深紫外（DUV）LED 的性能局限性，下面将针对各种影响因素展开分析。

对于许多应用，UV - LED 的关键性能参数是光输出功率、EQE 和电光转化效率（Wall Plug Efficiency，WPE）。WPE 可以由光输出功率与电输入功率之比计算得出。封装的 LED 的最大电功率 $P_{el, max}$ 受到最大 PN 结温度 T_{jmax}、散热器温度 T_{hs} 和热阻 R_{th} 的限制。

外量子效率（EQE）的计算公式为

$$\eta_{EQE} = \eta_{inj} \times \eta_{rad} \times \eta_{extr} = \eta_{IQE} \times \eta_{extr} \tag{7-1}$$

电光转化效率(WPE)的计算公式为

$$\eta_{\text{WPE}} = \frac{P_{\text{out}}}{I_{\text{op}} \times V} = \eta_{\text{IQE}} \frac{\hbar\omega}{e \times V} = \eta_{\text{EQE}} \times \eta_{\text{elect}} \qquad (7-2)$$

光输出功率的计算公式为

$$P_{\text{out}} = \eta_{\text{IQE}} \frac{\hbar\omega}{e} I_{\text{op}} = I_{\text{op}} \times V \times \eta_{\text{WPE}} \qquad (7-3)$$

最大电功率的计算公式为

$$P_{\text{el, max}} = I_{\text{op}} \times V = \frac{T_{\text{jmax}} - T_{\text{hs}}}{R_{\text{th}} \times (1 - \eta_{\text{WPE}})} \qquad (7-4)$$

其中，η_{inj} 为注入效率，η_{rad} 为辐射效率，η_{extr} 为光提取效率，η_{elect} 为电效率(表示由金属电极和半导体层之间电阻引起的电压损耗)，V 为驱动电压。注入效率 η_{inj} 用来描述 AlGaN 量子阱中电子和空穴的传输和约束，辐射效率 η_{rad} 取决于辐射复合与非辐射复合的比值。通常情况下，η_{inj} 和 η_{rad} 的乘积称为内量子效率(IQE)，用 η_{IQE} 表示。光提取效率 η_{extr} 描述了紫外光子逸出半导体芯片的概率。因此，EQE 可用 η_{inj}、η_{rad} 和 η_{extr} 的乘积描述，而 WPE 还需要考虑 η_{elect}。

与市场上的蓝光 LED 相比，显然 UVC - LED 仍有很大的改进空间。蓝光 LED 能达到极高的 EQE 和 WPE(超过 80%)，但商用的 UVC - LED 的 EQE 和 WPE 分别仅为 6.4% 和 4.1%，这明显的差异是由多个原因引起的。对于蓝光 LED，注入效率、辐射效率、电效率和光提取效率都在 90% 左右，而对于 UVC - LED，这些值要低得多。

图 7.3 描绘了典型的 DUV - LED 异质结构以及材料和器件开发的关键挑战。根据一份分析报告，DUV - LED 的注入效率、辐射效率、光提取效率和电效率分别约为 80%、50%、16% 和 64%。显然，要开发更高效的 DUV - LED，就需要在这些方面取得进步。当然，其中许多方面也是相互关联的。例如，辐射效率不仅受到材料中缺陷密度的影响，还受到 AlGaN 量子阱异质结构设计和有源区应变状态的影响。另外，基于 AlGaN 的 UV - LED 需要相对较高的工作电压，这是因为掺杂 Si 和 Mg 的 AlGaN 层导电性差且难以形成低电阻欧姆接触(无论是 n 型还是 p 型)，特别是在高铝组分下。更加复杂的是，上述影

响 DUV‑LED 性能的因素不是彼此独立的。例如，由于铝在整个 UV 光谱范围内有着高反射率，因此其作为提高光提取效率的紫外反射金属电极将是理想的选择。然而，由于低功函数，铝的电极不适合与 p 型（Al）GaN 层形成低电阻的欧姆接触。实际上，据报道，采用增强光提取方案的 UVC‑LED 的 EQE 达到了 20％以上[97]。虽然这开创了纪录，但这些 UVC‑LED 的工作电压很高，导致相应的 WPE 小于 10％[4]。

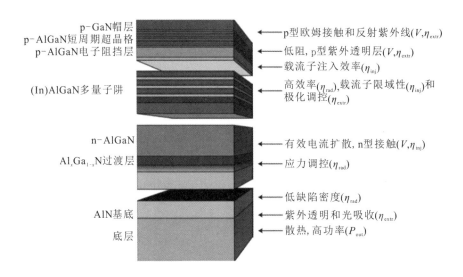

p‑GaN帽层
p‑AlGaN短周期超晶格
p‑AlGaN电子阻挡层 — p型欧姆接触和反射紫外线(V, η_{extr})
— 低阻, p型紫外透明层(V, η_{extr})
— 载流子注入效率(η_{inj})

(In)AlGaN多量子阱 — 高效率(η_{rad})、载流子限域性(η_{inj})和极化调控(η_{extr})

n‑AlGaN — 有效电流扩散, n型接触(V, η_{inj})
$Al_xGa_{1-x}N$过渡层 — 应力调控(η_{rad})

AlN基底 — 低缺陷密度(η_{rad})
底层 — 紫外透明和光吸收(η_{extr})
— 散热, 高功率(P_{out})

图 7.3　典型的 DUV‑LED 异质结构以及材料和器件开发的关键挑战示意图[4]

UV‑LED 的最大光输出功率是许多应用的关键参数，它随 EQE 和 WPE 的增加而直接增加，并随最大电功率 $P_{el, max}$ 的变化而变化。在焦耳加热（电阻加热）导致光输出与电流特性之间关系改变之前，$P_{el, max}$ 由 LED 内的最大结温 T_{jmax} 决定。因此，降低 LED 芯片和封装的热阻对于实现高输出功率水平至关重要。结温是影响 UV‑LED 退化速度的重要因素，也会严重影响其寿命。基于 GaN 的 UVA‑LED 的使用寿命通常为 50 000 小时左右，这是在升高散热器温度的情况下得到的数值，相比之下，基于 AlN 的 DUV‑LED 的使用寿命目前最长为 10 000 小时，且只有在室温条件下才可以实现。

位错和点缺陷是 UV‑LED 中形成非辐射复合的主要原因，而非辐射复合是其内量子效率（IQE）差的主要原因之一。与 InGaN 基 LED 的局域态促进辐射复合不同,这种机理在 AlGaN 基 DUV - LED 中并不明显。通常使用与激发密度和温度相关的光致发光结合分析来估算有源区的 IQE。

图 7.4 显示了具有不同 Al 含量的 AlGaN 多量子阱(MQW)的 IQE 与穿透位错密度(TDD)的关系(弱激发,载流子密度为 1×10^{18} cm^{-3},TDD 由 XRD 摇摆曲线的 FWHM 确定,并由平面 TEM 和阴极发光进行印证检测)。随着 TDD 从 6×10^{9} cm^{-2} 减少到 2×10^{8} cm^{-2},AlGaN MQW 的 IQE 从 4% 增加到 64%,这与基于非辐射载流子复合的扩散模型的理论计算相一致。

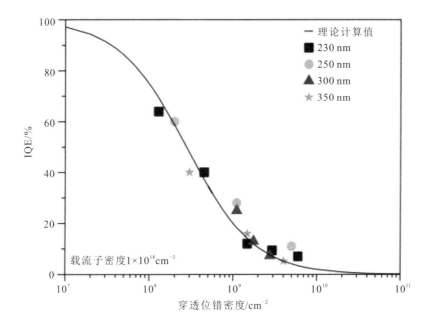

图 7.4　AlGaN 多量子阱(MQW)的 IQE 与穿透位错密度(TDD)的关系[4]

其他改善紫外发光器件 IQE 的方法是基于掺入四元 InAlGaN 量子阱(QWs)或在大台阶表面上生长。掺入 In 或在大台阶处成分不均匀都可以增强 AlGaN QWs 中载流子的局域化,从而增加辐射复合。另外,Si 掺杂也会显著影响基于 AlGaN 的 DUV - LED 的 IQE,光致发光光谱结果表明,掺杂 Si 后 AlGaN QWs 的 IQE 从 19% 增加到 40%。IQE 增加归因于阱/垒界面质量的提高和点缺陷密度的降低。有关在低缺陷密度 AlN 衬底上生长的 Al$_{0.55}$Ga$_{0.45}$N/ AlN MQW 的研究表明,当 AlGaN 生长期间的 V/Ⅲ 比增加 10 倍时,IQE 从

约 15％增至约 80％[4]。

由于存在强偏振场，并且电子和空穴之间的传输特性存在巨大差异，因此，UV-LED 中的载流子注入和载流子限制的设计与常规 LED 非常不同。加入 AlGaN 电子阻挡层对于增加载流子注入效率和解决 InAlGaN LED 中效率下降的问题至关重要。

图 7.5 是典型的 DUV-LED 的能带结构示意图，图中划分了五个功能区域，并给出了各个区域对应的设计目的。需要注意的是，DUV-LED 需要有效控制区域(1)中的 n 型电导率，并且较好地控制区域(3)、(4)和(5)中的 p 型电导率。但是，随着 AlGaN 中 Al 含量的增加，结合能和键能迅速提高，通过掺杂控制电子性能变得不那么容易。因此，需要通过多种策略来突破 AlGaN 材料的 n 型和 p 型掺杂的限制，以便将载流子有效注入 UV-LED 的有源区中。

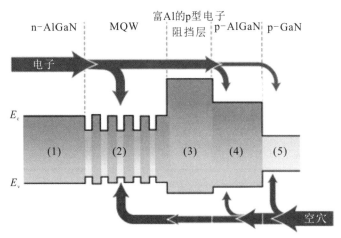

目标/挑战: (1) 电流横向扩散；

(2) 捕获和限域载流子；

(3) 高效地阻断电子和注入空穴；

(4) 高效注入空穴；

(5) 高效注入空穴、最小化紫外线吸收。

图 7.5　典型的 DUV-LED 的能带结构示意图(针对电子阻挡层的不同设计基于 AlGaN QWs 的发光极化和具有增强光提取效率的 UVC-LED 的光输出特性)[4]

由于蓝宝石和 AlN 单晶衬底是绝缘的，所以对于 DUV - LED，必须通过高导电 n - AlGaN 电流扩散层进行横向载流子注入。因此，AlGaN 的 n 型掺杂对于 DUV - LED 的低压运行至关重要。与 p 型掺杂相比，n 型掺杂的实现相对容易。n 型掺杂的困难主要是由缺陷的散射和自补偿引起的，可以通过提高初始 AlGaN 晶体质量并抑制缺陷的自补偿来实现高效率的 n 型掺杂。硅一直被选作Ⅲ族氮化物的 n 型掺杂元素。当使用硅均匀掺杂时，在 Al 含量低的情况下，电子浓度通常可以达到 10^{18} cm^{-3} 量级。但是，一旦 Al 含量高于 85%，电子浓度就难以达到 10^{18} cm^{-3}。采取一些措施可以改善 AlGaN 的 n 型掺杂，例如铟-硅共掺杂，引入中间层和超晶格等。采用铟-硅共掺杂技术，可以实现电子浓度高达 2.5×10^{19} cm^{-3}、电子迁移率为 22 cm^2/(V·s) 且电阻率为 1.1×10^{-4} Ω·cm 的 n 型 $Al_{0.65}Ga_{0.35}N$。若 Al 含量高于 75%，则电子浓度和电子迁移率可以分别达到 9.5×10^{18} cm^{-3} 和 21.1 cm^2/(V·s)。另外，增量掺杂工艺不仅可以降低位错密度，还可以提高掺杂效率。具体来说，位错密度的降低是由 δ 掺杂时的生长中断而引起的，该生长中断部分地终止了在外延方向上的位错的传播，杂质的自补偿过程也被抑制，n 型掺杂效率得到改善。极化诱导掺杂也是 AlGaN 的 n 型掺杂的有效技术，已经报道用这种技术可以实现高达 10^{20} cm^{-3} 的电子浓度。在这种情况下，温度变化对电子浓度、电子迁移率和电阻率的影响较小。另外，根据一些对 n 型 AlGaN 的欧姆接触的研究，其 Al 摩尔分数高达 65% 时仍然能实现低电阻的欧姆接触。但是，据报道，Al 成分超过 80% 时 n - AlGaN 欧姆接触电阻率迅速增加，这可能是由杂质或本征缺陷的补偿造成的[6]。

　　空穴向有源区的注入效率和电子泄漏的抑制取决于 AlGaN 的 p 型掺杂的效果。但是，与 n 型掺杂相比，要实现高 Al 含量的 AlGaN 的 p 型掺杂特别困难。在Ⅲ族氮化物中，通常将 Be、Mg 和 Zn 元素用作 p 型掺杂元素。GaN 中这三种元素的活化能分别约为 60 meV、160 meV 和 370 meV，激活这三种掺杂物的能量都随着 Al 含量的增加而增加。此外，尽管 Be 元素的活化能比其他元素低，但它是有毒金属，且很容易引入间隙原子来补偿受主，因此 Mg 是 p 型掺杂最常用的受主杂质。Mg 受主的氢钝化的发现，以及通过热退火激活 GaN

中的 Mg 突破性地解决了 GaN 的 p 型掺杂问题。但是，将 Mg 掺杂工艺扩展到 AlGaN 时，会遇到重大挑战。

首先，存在类似施主的天然缺陷而产生的强烈的自补偿。图 7.6(a) 和图 7.6(b) 分别是在富含 Ga 和富含 Al 的情况下研究的 GaN 和 AlN 中的缺陷的形成能和电离能级，GaN 的实验带隙值为 3.3 eV，AlN 的实验带隙值为 5.0 eV，用来给出电子化学势的上限，虚线对应于孤立的点缺陷。当费米能级接近价带最大值时，诸如氮化物空位(以 V_N 表示)和氧结合等施主状天然缺陷的形成能非常低。当 Mg 用作 p 型 AlGaN 掺杂的受主时，自补偿效果很强，可以通过优化生长条件和降低缺陷密度来抑制自补偿效应，从而提高 AlGaN 中的 Mg 掺杂效率。

其次，随着 Al 含量的增加，Mg 在 p-AlGaN 中的溶解度降低，这是因为 AlGaN 中 Mg 需要高的形成焓。形成焓(ΔH_f)与 Mg 平衡溶解度(C)之间的关系由下式给出：

$$C = N_{\text{sites}} e^{-\Delta H_f / k_B T} \tag{7-5}$$

其中，N_{sites} 是 AlGaN 中可以结合 Mg 的位置数，k_B 是玻耳兹曼常数，T 是生长温度。根据公式(7-5)，Mg 的平衡溶解度随着 ΔH_f 的增加而降低。如图 7.6(c) 所示，Al 摩尔组分的增加会引起 ΔH_f 的增加，导致 Mg 溶解度降低，因此在高 Al 摩尔组分的 AlGaN 中特别难以掺入 Mg。然而，如图 7.6(c) 所示的表面负 ΔH_f 表明通过利用表面效应来增强 Mg 的掺杂应该是可行的。另外，根据公式(7-5)，Mg 溶解度随着生长温度的升高而增加。同时，由于 N 从 AlGaN 中逸出，Mg 受主在较高温度下越来越多地被 N 空位补偿，因此如何抑制补偿成为主要问题。在高温条件下生长 AlGaN 有利于提高 Mg 的溶解度，而富 N 的生长条件则有利于抑制 N 空位的补偿。

最后，价带有效质量的增加使得受主能级从 160 meV(GaN)迅速增加到 510 meV(AlN)，这导致 Mg 受体的热激活更加困难。如图 7.6(d) 所示，在 300 K 的室温下，高 Al 含量 AlGaN 的 Mg 电离效率甚至低于百万分之一。Mg 受主的高活化能导致 AlGaN 的 p 型掺杂效率低。

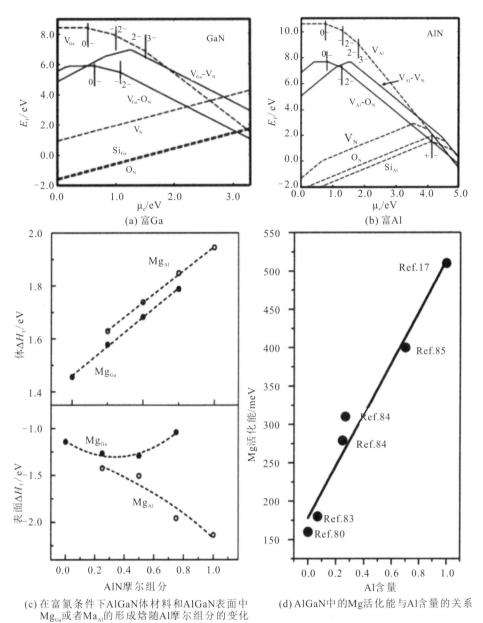

(a) 富Ga

(b) 富Al

(c) 在富氮条件下AlGaN体材料和AlGaN表面中
Mg_Ga或者Ma_Al的形成焓随Al摩尔组分的变化

(d) AlGaN中的Mg活化能与Al含量的关系

图 7.6　将 Mg 掺杂到 AlGaN 中遇到的挑战[6]

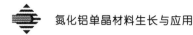

为了克服 AlGaN 中 p 型掺杂的困难，已研究了各种方法来抑制自补偿过程、提高 Mg 溶解度并降低 AlGaN 中的 Mg 活化能，这些方法包括增量掺杂、调制掺杂、δ 掺杂、超晶格掺杂、极化诱导掺杂和共掺杂等[4]。

在 AlGaN 中适量掺杂 Mg 元素可以获得相对较低的电阻率和较高的材料质量。然而，AlGaN 中过量的 Mg 掺杂不仅会导致电阻率增加，还会降低材料质量。这种质量下降被认为是由高密度堆垛层错引起的，而电阻率的增加是过量掺入 Mg 导致结构缺陷而产生的结果。δ 掺杂可以增加 Mg 在 AlGaN中的溶解度。δ 掺杂维持 V 族源（NH_3）流量恒定，交替通入 III 族源（Al 和 Ga）和掺杂元素（Mg）。由于 Mg 源是在 NH_3 气氛下提供的，并且若 Al 和 Ga 供应中断，则 Mg 与 Al 或 Ga 空位结合的可能性很高，因此增加了将 Mg 掺入 AlGaN 中的可能性。另外，AlGaN 的高温生长加上 V / III 比的调节，不仅可以提高 AlGaN 的质量，还可以提高 Mg 的溶解度。此外，氢的存在对掺杂是有益的，可以提高 Mg 的溶解度。在掺杂 Mg 的 AlGaN 的生长过程中，源自 NH_3 分解和 H_2 载气的氢将与 Mg 结合形成 Mg－H 复合物，从而抑制 Mg 从 AlGaN 逸出并提高 Mg 溶解度。但是，氢在 AlGaN 中作为施主可以补偿 Mg 受主，这会导致 Mg 钝化。在 N_2 或 O_2 气氛中对掺杂 Mg 的 AlGaN 进行热退火，可以通过从 Mg－H 复合物中解离出氢来活化 Mg，以此提高空穴浓度。Mg 的活化通常通过在 N_2 气氛中、850℃下进行 10 分钟的快速热退火工艺来实现[6]。

超晶格掺杂法也是提高 AlGaN 中 Mg 掺杂效率的有效途径。图 7.7 给出了掺杂 Mg 的 $Al_{0.2}Ga_{0.8}N/GaN$ 超晶格的价带图及掺杂 Mg 的 $Al_{0.1}Ga_{0.9}N$ 的厚膜体材料上的电阻率，其中：图 7.7(a) 是层厚为 30 Å 的掺杂 Mg 的 $Al_{0.2}Ga_{0.8}N/GaN$ 超晶格的价带图（上图不考虑极化场、下图考虑极化场，两图中虚线表示费米能级）；图 7.7(b) 是包含 Mg 掺杂的 $Al_{0.1}Ga_{0.9}N$ 的厚膜体材料上与温度有关的电阻率测量值。如图 7.7(a) 所示，异质结构中晶格失配和非中心对称引起的极化将产生极化电荷并引发界面附近的能带弯曲，这可以降低掺杂剂活化能。如图 7.7(b) 所示，掺杂 Mg 的超晶格可以形成多层二维空穴气，从而提高垂直电导率。

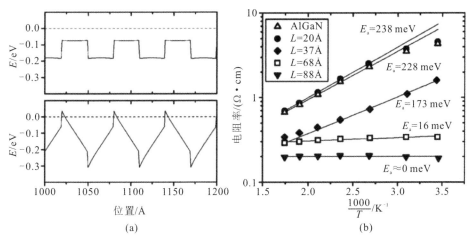

图 7.7　掺杂 Mg 的 $Al_{0.2}Ga_{0.8}N/GaN$ 超晶格的价带图及掺杂 Mg 的

$Al_{0.1}Ga_{0.9}N$ 的厚膜体材料上的电阻率[6]

Mg-In 共掺杂是非常有效的 AlGaN 的 p 型掺杂方法。In 作为表面活性剂可以抑制自补偿并提高 p 型掺杂效率。另外，Mg-In 共掺杂和 δ 掺杂技术结合，可以实现 4.75×10^{18} cm^{-3} 的空穴浓度[98]。在电荷中性条件下，空穴浓度可通过以下表达式计算[98]：

$$p = \frac{1-C}{C} \frac{N_v}{g} \exp\left(-\frac{E_a}{kT}\right) \tag{7-6}$$

其中，p 是空穴浓度，$C = N_d/N_a$ 是补偿比（N_d 是施主数量，N_a 是受主数量），$N_v = 2(2\pi m_p^* kT)^{3/2} h^{-3}$ 是价带有效态密度（m_p^* 为 AlGaN 中空穴的有效质量），g 是受主简并因子（可以假定等于 2），E_a 是受主活化能，k 是玻尔兹曼常数，T 是温度。

为了进一步研究用所提出的方法提高空穴浓度的机理，我们对两个 Mg-δ 掺杂样品进行了温度依赖性霍尔效应测量（温度范围为 250～300 K，温度增量为 5 K），并通过拟合公式(7-6)确定了补偿比 C 和 Mg 受主活化能 E_a，结果如图 7.8 所示。由图 7.8 可知，含 In 表面活性剂的 Mg-δ 掺杂样品的补偿比约为 62%，比不含 In 表面活性剂的低 17%，这表明补偿的施主缺陷减少了。另一方面，拟合结果表明，使用 In 表面活性剂后，Mg-δ 掺杂样品的当量 E_a 从 46 meV 降低到了 38 meV。

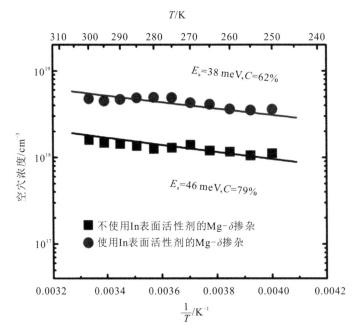

图 7.8 不使用和使用 In 表面活性剂的 Mg‑δ 掺杂的 p‑AlGaN 随温度变化的
空穴浓度(拟合曲线显示为实线)[98]

在电子注入效率方面,由于电子和空穴之间的传输特性差异很大,因此 Ⅲ 族氮化物 LED 中的电子很容易超出 MQW 有源区并泄漏到 p 掺杂一侧。通常情况下,可采用 p‑AlGaN 电子阻挡层来阻止此类电子溢出,但会受到 Mg 掺杂的高 Al 组分的 AlGaN 的限制。在波长低于 250 nm 的 DUV‑LED 中,用p‑AlGaN/AlN复合的电子阻挡结构,可以实现更大的空穴注入可调性,并防止电子泄漏。此外,p‑$Al_xGa_{1-x}N/Al_yGa_{1-y}N$ 多重量子势垒电子阻挡层通过充当电子反射器并抑制极化场效应,显著改善了 DUV‑LED 的 EQE。

提高 UV‑LED 的光提取效率,一般需要在出光一侧用紫外透明电极,另一侧用紫外反射电极。此外,还需要考虑与材料固有性质相关的问题,包括 AlGaN 层和空气的折射率差异大及富 Al 的 AlGaN MQW 有源区的各向异性光子发射等。如果没有紫外线反射电极和先进的封装技术,用于 DUV‑LED 芯片的光提取效率值通常在个位数百分比范围内。因此,研究人员探索了用于增强光输出的各种方法，例如使用高反射率金属、反射性光子晶体、分布式布拉格反射器或全向反射器等。在典型的 DUV - LED 中，在 p 型一侧使用的是 p - GaN 顶层，该顶层易与金属形成欧姆接触，但却会强烈吸收波长低于 365 nm 的所有发光。倒装芯片封装技术已被广泛应用于 UV - LED，它采用从背面（n 型一面）出光的模式，并在 p 型一侧采用有效的紫外反射电极，从而显著提高 UV - LED 的光提取效率（ELE）和外量子效率（EQE）。

倒装芯片封装技术具有高效的热管理机制。相对较高的 n 型和 p 型接触电阻以及 n 型和 p 型 AlGaN 层的较差电导率会导致 UV - LED 中的工作电压较高，从而使得器件在工作期间产生大量的焦耳热，这种自发热严重降低了 UV - LED 的最大光输出功率、效率和寿命。由于蓝宝石的导热系数很低 [0.35 W/(cm·K)]，因此通常采用倒装芯片封装技术来减少焦耳热[4,97]。因为热阻受芯片布局、器件面积、封装材料和焊接技术的影响，所以需要优化这些参数。通常情况下，在对晶片进行激光划刻之后，可将各个 UV - LED 芯片以倒装构造（即外延表面朝下）焊接到导热 AlN 陶瓷基座上，基于 AlN 陶瓷散热的最先进的大功率封装产生的热阻远低于 10 K/W。因热阻与芯片面积成反比，故 UV - LED 芯片向着大面积大功率方向发展有利于进一步降低热阻。

7.1.3　在 AlN 单晶衬底上制备紫外发光二极管

研究表明，使用低位错密度的 PVT - AlN 单晶衬底可以显著改善 DUV - LED 的 EQE 和可靠性。然而，PVT - AlN 衬底中点缺陷很多，并且常在深紫外光谱范围显示出很强的光吸收，这会降低 DUV - LED 的 EQE，因为在有源层产生的发光通常通过衬底一侧提取出来。为了减少 PVT - AlN 衬底中的光吸收，需要将衬底减薄至 20 μm。最近，日本国家信息和通信技术研究所的研究组通过氢化物气相外延（HVPE）在 PVT - AlN 衬底上生长 AlN 厚膜，然后去掉 PVT - AlN 衬底后得到既具有低位错密度又具有高深紫外光学透明度的 HVPE - AlN 单晶衬底。他们首次报道了在 HVPE - AlN 衬底上制备发射波长为 268 nm 的 AlGaN 基 DUV - LED。HVPE - AlN 衬底的厚度为 250 μm，抛

光后表面均方根粗糙度小于 0.2 nm。

在 HVPE‐AlN 单晶衬底上制备的 DUV‐LED 结构如图 7.9 所示。首先，在抛光的 HVPE‐AlN 表面上生长 100 nm 厚的 AlN 同质外延层，然后生长 1 μm 厚的 Si 掺杂的 n‐$Al_{0.75}Ga_{0.25}N$ 异质外延层。从 n‐$Al_{0.75}Ga_{0.25}N$ 层获得的(0002)面和(10$\bar{1}$2)面的高分辨率 XRD 摇摆曲线的 FWHM 值分别为 90 arcsec 和 60 arcsec。有源区由 3 个多量子阱(MQW)组成，然后是掺杂 Mg 的 p‐AlN 电子阻挡层，接着是 p‐$Al_{0.75}Ga_{0.25}N$ 覆盖层。尽管 GaN 对深紫外光的吸收会导致严重的光损耗，但仍需在覆盖层上沉积 p‐GaN 层以形成 p 型欧姆接触。

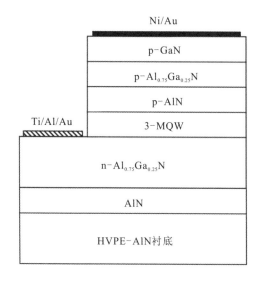

图 7.9　在 HVPE‐AlN 单晶衬底上制备的 DUV‐LED 结构示意图[99]

图 7.10 的插图给出了包括透射损耗的光学透射光谱。PVT‐AlN 衬底的光学透射率在 300 nm 波长以下几乎为零。相比之下，尽管在 265 nm 波长和 450 nm 波长附近存在弱吸收带，但是 HVPE‐AlN 衬底在 265 nm 波长处的光学透射率高达 62%(考虑表面反射，该值接近理想值)。去除 AlN 衬底的 PVT 部分之前和之后，DUV‐LED 的电致发光(EL)光谱如图 7.10 所示。去除 PVT‐AlN 部分之后，在 268 nm 波长处有一个几乎左右对称的单发射峰，它来自多量子阱(MQW)。

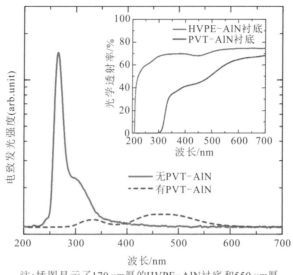

注:插图显示了170 μm厚的HVPE-AlN衬底和550 μm厚
的PVT-AlN衬底的光学透射光谱

图 7.10　去除 AlN 衬底的 PVT 部分前、后，以 10 mA 驱动的

DUV - LED 的电致发光(EL)光谱对比图[99]

图 7.11(a)显示了在正向偏置下倒装的 DUV - LED 芯片的 EL 光谱。除了在
268 nm 波长处的发射峰外，在 300 nm 波长附近还观察到了微弱的寄生峰，该峰
可能是由 p - $Al_{0.75}Ga_{0.25}N$ 层电子从导带到深受主能级的跃迁所致。图 7.11(b)显

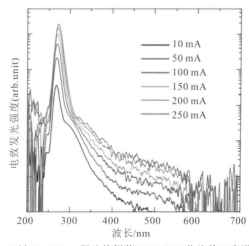

(a) 以10~250 mA驱动的倒装DUV-LED芯片的EL光谱

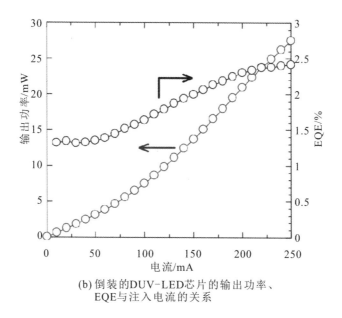

(b) 倒装的DUV-LED芯片的输出功率、
EQE与注入电流的关系

图 7.11　倒装的 DUV - LED 芯片的 EL 光谱及其输出功率、EQE 与

注入电流的关系[99]

示了 DUV - LED 的输出功率、EQE 与注入电流的关系。当注入电流为 250 mA 时，输出功率和 EQE 分别达到 28 mW 和 2.4%。当注入电流在 100 mA 以上时，输出功率呈现超线性增加。随着注入电流的增加，EQE 也从 1.3% 增加到 2.4%。输出功率和 EQE 表现出这些特性可能是因为自热效应引起的 p 型层的热活化。

　　仅依靠低位错密度、高紫外透过率的 HVPE - AlN 衬底，还不能将光提取效率（或者 EQE）提高到比较令人满意的程度。为了克服 DUV - LED 光提取效率低的问题，日本国家信息和通信技术研究所的研究组进一步在 AlN 单晶衬底上设计并加工了纳米光子结构，显著地增加了紫外光的提取效率，进而制备了大功率 265 nm 深紫外（DUV）AlGaN 基发光二极管（LED），其连续波输出功率超过 150 mW。

　　AlGaN 基 DUV - LED 通过金属有机物化学气相沉积（MOCVD）在厚度为 100 μm 的 HVPE - AlN 衬底上生长。自下而上，LED 结构依次包括 100 nm 厚的 AlN 同质外延层、1 μm 厚的 Si 掺杂的 n - $Al_{0.75}Ga_{0.25}N$ 层、3 个多量子阱（MQW）有源层、掺杂 Mg 的 p - AlN 电子阻挡层、p - $Al_{0.8}Ga_{0.2}N$ 覆盖层和

p-GaN(电极)接触层。通常情况下，我们通过减小电流密度来扩大发光面积，从而提高输出功率。Ni/Au 和 Ti/Al/Au 气相沉积层分别用于 p 型和 n 型接触，它们确定了一种使用 AlN 表面构造的光提取结构，该结构由二维(2D)光子晶体和亚波长纳米结构的混合结构组成。图 7.12 显示了构造大面积 AlN 纳米光子光提取结构的制造工艺流程示意图。

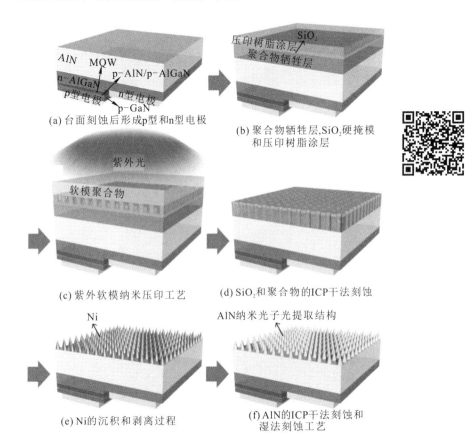

图 7.12 构造大面积 AlN 纳米光子光提取结构的制造工艺流程示意图[100]

构造 AlN 纳米光子光提取结构的过程中部分结构的 SEM 图像如图 7.13 所示。图 7.13(a)显示了在干法刻蚀工艺之前通过紫外软模纳米压印在 SiO₂/聚合物牺牲层上形成的压印图案的 SEM 图像。图 7.13(b)显示了在剥离工艺之后在 AlN 表面上形成的 Ni 阵列的截面 SEM 图像，这些高纵横比的 Ni 圆形纳米锥是使用具有周期性深孔的聚合物牺牲层制成的，可用来加工圆锥形

AlN。图 7.13(c)显示了制备出来的 AlN 纳米光子光提取结构的 SEM 图像，该结构由二维光子晶体和亚波长纳米结构的混合结构组成。

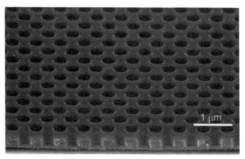

(a) 进行紫外软模纳米压印后的压印图案的SEM图像

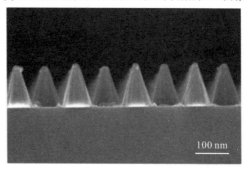

(b) 剥离工艺后在AlN表面上形成的Ni阵列的
截面SEM图像

(c) AlN纳米光子光提取结构的SEM图像

图 7.13　构造 AlN 纳米光子光提取结构的过程中部分结构的 SEM 图像[100]

纳米压印 LED 和平面 LED 的部分特性对比如图 7.14 所示。图 7.14(a)显示了具有和不具有大面积纳米压印 AlN 纳米光子光提取结构的 DUV - LED 的输出功率和增强因子随注入电流的变化而变化的情况。这些特性是在室温下使用校准的积分球在连续波条件下测量的。在 850 mA 的最大工作注入电流下，具有 AlN 纳米光子光提取结构的 DUV－LED 的最大输出功率为 151 mW。相比之下，没有 AlN 纳米光子光提取结构的常规平面 DUV－LED 在 450 mA 时的峰值输出功率为 38 mW。增强因子在此定义为具有和不具有 AlN 纳米光子光提取结构的 DUV－LED 的输出功率之比。在较低注入电流区域，光提取增强因子大约为 2，比使用传统的随机粗糙化结构获得的值高 40%～50%。在 850 mA 的较高注入电流下观察到的最大增强因子为 19.6。图 7.14(b) 显示了具有和不具有 AlN 纳米光子光提取结构的 DUV－LED 的 EQE 与注入电流的关系。与传统的平面器件相比，具有 AlN 纳米光子光提取结构的 DUV－LED 的 EQE 在高注入电流下始终保持较高水平，并在 150 mA 时显示 4.5% 的峰值，在最大工作注入电流850 mA时为3.9%。对于具有和不具有 AlN 纳米光子光提取结构的两个 DUV－LED，在 150 mA 和 450 mA 注入电流下获得的 EL 光谱如图 7.14(c) 所示。在 150 mA 电流下，两种器件在大约 265 nm 波长处存在相同的单峰发射。然而，与具有 AlN 纳米光子光提取结构的 LED 相比，在 450 mA 电流下，平面器件中明显存在更大的光谱红移(红移是由结温升高引起的)，这意味着具有纳米结构的 AlN 衬底的光吸收和加热能力都显著降低。

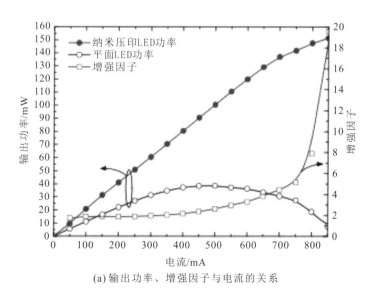

(a) 输出功率、增强因子与电流的关系

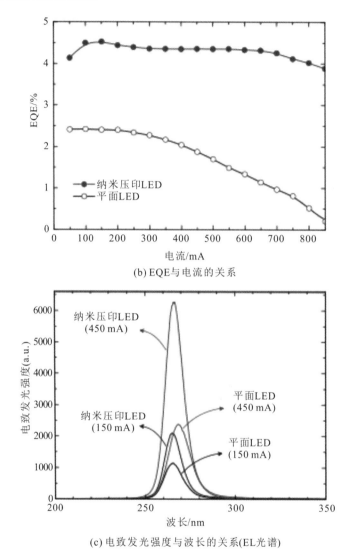

(b) EQE与电流的关系

(c) 电致发光强度与波长的关系(EL光谱)

图 7.14　具有纳米压印 AlN 纳米光子光提取结构的 DUV‑LED 和常规平面 DUV‑LED 的输出功率、增强因子、EQE 与电流的关系及 EL 光谱图[100]

　　图 7.15 显示了具有和不具有 AlN 纳米光子光提取结构的 DUV‑LED 的远场辐射图。显然，与常规平面 LED 结构相比，在整个角辐射范围内，具有 AlN 纳米光子光提取结构的 DUV‑LED 的光提取强度明显更强。这归因于大面积的 AlN 纳米光子光提取结构扩大了光逃

逸锥并减少了菲涅耳反射。

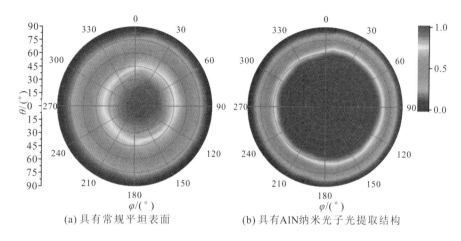

(a) 具有常规平坦表面　　　　　　　(b) 具有 AlN 纳米光子光提取结构

图 7.15　具有常规平坦表面和 AlN 纳米光子光提取结构的
DUV - LED 的远场辐射图[100]

7.2　氮化铝电力电子器件

由于 AlN 有着更高的临界击穿电场（12 MV/cm）和热导率[340 W/(m · K)]，因此其在电力电子器件上有很大的应用潜力。但是，材料增长和器件制造方面的挑战，使得 AlN 电力电子器件的研究进展非常缓慢。

日本国立材料研究所 Yoshihiro Irokawa 研究组首先报道了直接在物理气相传输（PVT）生长的无意掺杂 AlN 单晶衬底上制备了横向肖特基二极管（SBD），该器件在 -40 V 时显示出 0.1nA 的低反向泄漏电流，在 $10/-40$ V 时的开/关比约为 10^5。该器件的结构如图 7.16 所示。PVT - AlN 衬底取向为（0001）面，位错密度约为 10^6 cm^{-2}。通过电子束蒸发制备 Ti/Al/Pt/Au 多层金属电极来形成欧姆接触。随后，在快速热退火系统中，在 N$_2$ 环境下，将电极在 750℃ 的温度下退火 30 s。肖特基接触是通过电子束沉积的 Pt/Au 金属电极形成的。圆形的肖特基和欧姆接触的电极直径分别为 80 μm 和 500 μm，采用横向布局，肖特基与欧姆接触电极边缘的距离为 300 μm。

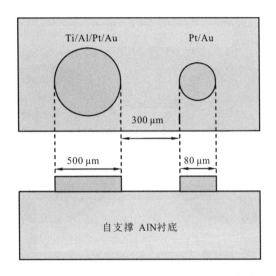

图 7.16   横向肖特基二极管器件的结构图[101]

    室温下横向 AlN 肖特基二极管的 I-V 特性和正向 I-V 曲线如图 7.17 所示。图 7.17(a) 显示了室温下横向 AlN 肖特基二极管的电流-电压(I-V)特性。该器件显示出优异的整流性能，而非故意掺杂的 AlN 衬底显示出 n 型导电性（原因尚不清楚，可能由氧杂质引起）。器件在 -40 V 时显示出 0.1 nA 的低反向泄漏电流，在 10/-40 V 时的开/关比约为 10^5。图 7.17(b) 显示了横向 AlN 肖特基二极管的正向 I-V 曲线，根据正向 I-V 曲线估算的器件串联电阻约为 20 kΩ，电阻率约为 300 Ω·cm，这表明衬底的载流子浓度很低。AlN 衬底的

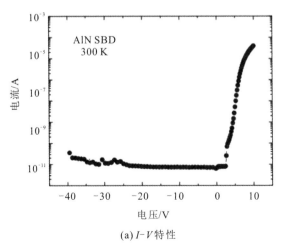

(a) I-V 特性

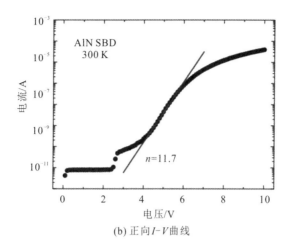

(b) 正向 I-V 曲线

图 7.17 室温下横向 AlN 肖特基二极管的 I-V 特性和正向 I-V 曲线[101]

低载流子浓度会导致高欧姆接触电阻，从而导致器件的 I-V 特性下降。由于具有较大的串联电阻，因此需要相对较大的正向导通电压。

图 7.18 显示了理想因子 n 与温度的关系。理想因子 n 是由正向 I-V 曲线的线性区域与热电子发射模型的拟合确定的。正向特性的理想因子 n 在室温下为 11.7。这个大的理想因子表明电流传输机制与理想的热电子发射模型背离。较高的理想因子通常是由与材料缺陷相关的金属/半导体接触界面的横向不均匀性引起的。

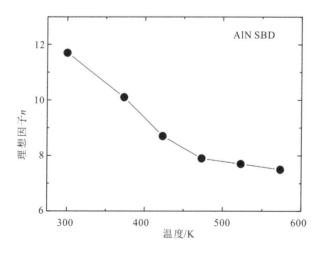

图 7.18 理想因子 n 与温度的关系[101]

后来，日本德山公司在直径 15 mm 的 PVT-AlN 衬底上用 HVPE 同质外延生长高达 250 μm 厚的 Si 掺杂 AlN 单晶，然后通过机械抛光去除 PVT-AlN 衬底，随后对表面进行化学机械抛光，获得了厚度为 150 μm 的自支撑 HVPE-AlN:Si 衬底。最后，在 HVPE-AlN 衬底的 Al 极性表面制备 Ti/Al/Ti/Au 欧姆接触电极，在衬底的 N 极性表面上沉积几个面积为 270 μm×270 μm 的 Ni(20 nm)/Au(50 nm) 肖特基接触电极，并将欧姆接触一侧黏合到 AlN 陶瓷载体上，如图 7.19 所示。

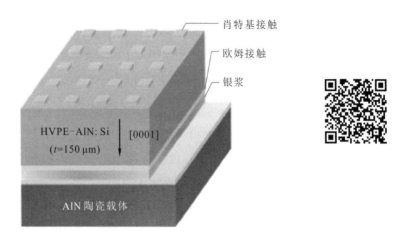

图 7.19 在 HVPE-AlN:Si 衬底上制造的垂直肖特基二极管的结构示意图[102]

图 7.20 显示了在自支撑 n 型 HVPE-AlN 衬底上制造的 6 个垂直肖特基二极管的反向 I-V 特性。开始时，泄漏电流密度低于 10^{-6} A/cm²，一旦电压达到 -400 V，泄漏电流密度迅速增加。如果定义泄漏电流密度达到 10^{-3} A/cm² 时的电压为反向击穿电压，则肖特基二极管器件的反向击穿电压在 550~770 V。

图 7.21 显示了在自支撑 n 型 HVPE-AlN 衬底上制造的 298~373 K 时垂直肖特基二极管的 I-V 特性。在大约 2.2 V 的开启电压下可以观察到高的整流比。根据 I-V 特性估算出的 298 K 时的串联电阻为 $3.5×10^6$ Ω，远远高于霍尔效应测量的估计值，这可能是由于在肖特基接触的机械抛光表面上存在高电阻损伤层。

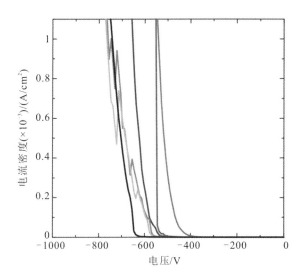

图 7.20　在自支撑 n 型 HVPE‑AlN 衬底上制造的 6 个垂直肖特基二极管的
反向 I‑V 特性

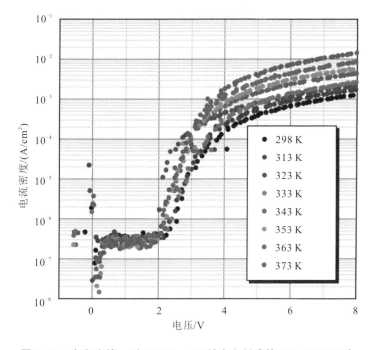

图 7.21　在自支撑 n 型 HVPE‑AlN 衬底上制造的 298~373 K 时
垂直肖特基二极管的 I‑V 特性[102]

图 7.22 展示了理想因子、串联电阻和温度之间的关系。随着温度从 298 K 升高到 373 K，理想因子从约 8 降低到 5.4，串联电阻从 $3.5 \times 10^6 \ \Omega$ 降低到 $2.9 \times 10^5 \ \Omega$。较大的理想因子和串联电阻可能是由金属/HVPE - AlN：Si 肖特基接触界面处存在损伤层引起的，这也许可以通过改进 HVPE - AlN 衬底的 N 极性表面的抛光技术来改善。

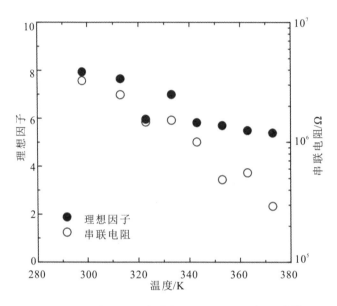

图 7.22　理想因子、串联电阻和温度之间的关系[102]

AlN 单晶衬底上的横向和垂直 AlN 肖特基二极管的成功制备体现了其在功率器件上的巨大应用潜力，但是目前 AlN 单晶衬底制备、抛光、n 型掺杂等工艺还未完全成熟，加上大尺寸 AlN 衬底仍然太昂贵且不容易获得，所以实现 AlN 单晶衬底真正的商用还有很长的路要走。

不过，亚利桑那州立大学赵宇吉研究组报道了在基于蓝宝石衬底的 MOCVD - AlN 上首次制备了 1 kV 量级的 AlN 肖特基二极管，这为制备经济高效的高性能 AlN 电子设备提供了另一种可能。在室温下，该器件表现出出色的性能：1.2 V 的低导通电压、约 10^5 的高开/关比、5.5 的低理想因子和低于 1 nA 的低反向泄漏电流。基于 AlN 的超宽带隙，该器件还具有超过 500 K 的出色热稳定性。

通过高分辨率 XRD 测量可以表征 MOCVD - AlN 样品的晶体质量。

(0002)面摇摆曲线的 FWHM 为 46.8 arcsec，(2024)面摇摆曲线的 FWHM 为 159.1 arcsec，这些是当时报道的蓝宝石衬底上 MOCVD 生长的 AlN 外延层的最低 FWHM。

通过 MOCVD 在蓝宝石衬底上制备的 AlN 肖特基二极管器件的结构如图 7.23 所示，自下而上依次为 AlN 缓冲层、厚度为 1 μm 的高电阻非故意掺杂 AlN 底层、300 nm 掺杂 Si 的 n-AlN 层和 2 nm 非故意掺杂 GaN 覆盖层。薄的非故意掺杂 GaN 覆盖层用于防止下面的 AlN 外延层氧化，但这可能会降低器件性能。欧姆接触可先通过电子束沉积法沉积 Ti/Al/Ti/Au(20 nm/100 nm/20 nm/50 nm)金属叠层，然后在氮气气氛中以 1000℃ 经过 30 秒快速热退火形成，圆形欧姆接触的直径为 400 μm。肖特基接触可通过电子束蒸发沉积 Pt/Au(30 nm/120 nm)金属叠层形成。欧姆接触和肖特基接触之间的距离为 200 μm。另外，可使用等离子增强化学气相沉积在 350℃ 和 1000 mTorr 条件下于器件上沉积 200 nm SiO$_2$ 钝化层。

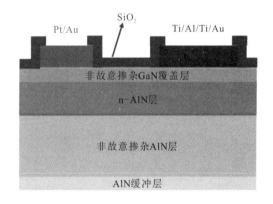

蓝宝石衬底

图 7.23　通过 MOCVD 在蓝宝石衬底上制备的 AlN 肖特基二极管的结构示意图（欧姆接触和肖特基接触分别用红色和绿色表示）[18]

图 7.24 给出了室温下欧姆接触的传输线法的 I-V 特性和经线性拟合获得的接触电阻、薄层电阻与温度的关系。图 7.24(a)显示了室温下欧姆接触的传输线法的 I-V 特性。触点表现出良好的欧姆特性(接触电阻为 2.8×10^{-5} $\Omega \cdot cm^2$，薄层电阻为 1.3×10^3 $\Omega/sq.$)。在测量的温度范围(从室温至 300℃)内，欧姆接

触还具有很好的热稳定性。图 7.24(b)显示了经线性拟合获得的接触电阻、薄层电阻和温度的关系。接触电阻随温度的升高而略微增加(物理机制需要进一步研究)。

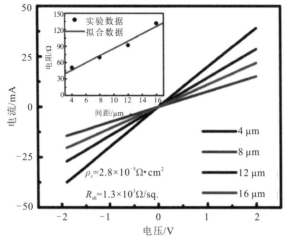

(a) I-V 特性(插图显示了传输线法焊盘的电阻与间距的关系)

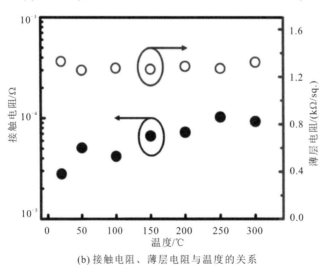

(b)接触电阻、薄层电阻与温度的关系

图 7.24　室温下欧姆接触的传输线法的 I-V 特性和经线性拟合获得的
接触电阻、薄层电阻与温度的关系[18]

图 7.25 显示了 AlN 肖特基二极管的与温度相关(从 20℃到 200℃)的正向 I-V 特性。该设置的电流检测下限为 1 nA。在所有温度下测得的截止电流密

度均低至约10^{-6} A/cm^2。器件获得了约 10^5 的高开/关比,这与在 AlN 衬底上制造的 AlN 肖特基二极管相当。圆形肖特基二极管的开启电压为 1.2 V(方形肖特基二极管的开启电压为 1.1 V)。

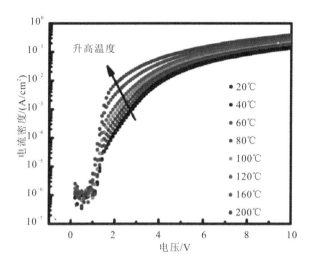

图 7.25　AlN 肖特基二极管的与温度相关(从 20℃ 到 200℃)的
正向 I - V 特性[18]

图 7.26 给出了势垒高度与理想因子的关系及二者与温度的关系。图 7.26(a)展示了理想因子、势垒高度与温度的关系。从 20℃ 到 200℃,理想因子从 5.5 降

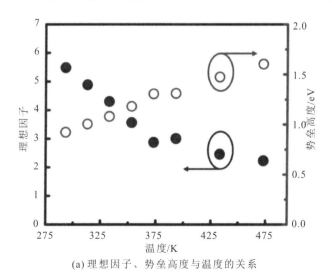

(a)理想因子、势垒高度与温度的关系

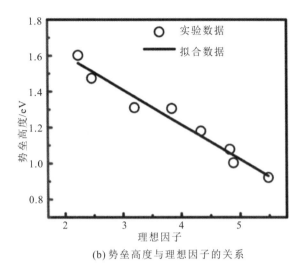

(b) 势垒高度与理想因子的关系

图 7.26　势垒高度与理想因子的关系及二者与温度的关系[18]

低到 2.2，而势垒高度从 0.9 eV 升高到 1.6 eV。理想因子的温度依赖性归因于肖特基势垒界面的横向不均匀性。这项工作中获得的圆形和方形肖特基二极管室温理想因子分别为 5.5 和 5.3，比以前的结果小 2～3 倍，这可能是由于材料质量和金属/半导体接触界面质量的改善。图 7.26(b)展示了势垒高度与理想因子的关系。尽管肖特基界面不够均匀，还是观察到了众所周知的势垒高度和理想因子之间的线性关系。

参 考 文 献

［1］ TSAO J Y, CHOWDHURY S, HOLLIS M A, et al. Ultrawide-bandgap semiconductors：Research opportunities and challenges［J］. Advanced Electronic Materials，2018，4（1）：1－49.

［2］ ROBERT R, BIPLAB S, ANDREW K, et al. Thermal conductivity of single-crystalline AlN［J］. Applied Physics Express，2018，11（7）：1－3.

［3］ FUJITA S. Wide-bandgap semiconductor materials：For their full bloom［J］. Japanese Journal of Applied Physics，2015，54（3）：1－12.

［4］ KNEISSL M, SEONG T Y, HAN J, et al. The emergence and prospects of deep-ultraviolet light-emitting diode technologies［J］. Nature Photonics，2019，13（4）：233－244.

［5］ NAGASAWA Y, HIRANO A. A review of AlGaN-based deep-ultraviolet light-emitting diodes on sapphire［J］. Applied Sciences，2018，8（8）：1264.

［6］ Li D B, JIANG K, SUN X J, et al. AlGaN photonics：Recent advances in materials and ultraviolet devices［J］. Advances in Optics and Photonics，2018，10（1）：43－110.

［7］ HARTMANN C, MATIWE L, WOLLWEBER J, et al. Favourable growth conditions for the preparation of bulk AlN single crystals by PVT［J］. CrystEngComm，2020，22（10）：1762－1768.

［8］ HUANG J, NIU M T, SUN M S, et al. Investigation of hydride vapor phase epitaxial growth of AlN on sputtered AlN buffer layers［J］. CrystEngComm，2019，21（14）：2431－2437.

［9］ WANG J M, XU F J, HE C G, et al. High quality AlN epilayers grown on nitrided sapphire by metal organic chemical vapor deposition［J］. Scientific Reports，2017，7：42747.

［10］ BONDOKOV R T, MUELLER S G, MORGAN K E, et al. Large-area AlN substrates for electronic applications：An industrial perspective［J］. Journal of Crystal Growth，2008，310（17）：4020－4026.

［11］ SOUKHOVEEV V, KOVALENKOV O, IVANTSOV V, et al. Recent results on AlN growth by HVPE and fabrication of free standing AlN wafers［J］. Physica Status SolidiC：Current Topics in Solid State Physics，2006，3（6）：1653－1657.

[12] NAGASHIMA T, HAKOMORI A, SHIMODA T, et al. Preparation of freestanding AlN substrates by hydride vapor phase epitaxy using hybrid seed substrates[J]. Journal of Crystal Growth, 2012, 350(1): 75 - 79.

[13] ZHANG J P, KHAN A, SUN W H, et al. Pulsed atomic-layer epitaxy of ultrahigh-quality $Al_xGa_{1-x}N$ structures for deep ultraviolet emissions below 230 nm[J]. Applied Physics Letters, 2002, 81(23): 4392 - 4394.

[14] IBA Y, SHOJIKI K, UESUGI K, et al. MOVPE growth of AlN films on nano-patterned sapphire substrates with annealed sputtered AlN[J]. Journal of Crystal Growth, 2020, 532: 1 - 5.

[15] XIE N, XU F J, WANG J M, et al. Stress evolution in AlN growth on nano-patterned sapphire substrates[J]. Applied Physics Express, 2019, 13(1): 1 - 5.

[16] DING X F, ZHOU Y, CHENG J W. A review of gallium nitride power device and its applications in motor drive[J]. CES Transactions on Electrical Machines and Systems, 2019, 3(1): 54 - 64.

[17] WILLANDER M, FRIESEL M, WAHAB Q U, et al. Silicon carbide and diamond for high temperature device applications[J]. Journal of Materials Science: Materials in Electronics, 2006, 17(1): 1 - 25.

[18] FU H Q, BARANOWSKI I, HUANG X Q, et al. Demonstration of AlN Schottky barrier diodes with blocking voltage over 1 kV[J]. IEEE Electron Device Letters, 2017, 38(9): 1286 - 1289.

[19] WU J Q. When group-Ⅲ nitrides go infrared: New properties and perspectives[J]. Journal of Applied Physics, 2009, 106(1): 1 - 28.

[20] LIU L, EDGAR J H. Substrates for gallium nitride epitaxy[J]. Materials Science and Engineering R, 2002, 37(3): 61 - 127.

[21] VURGAFTMAN I, MEYER J R, RAM-MOHAN L R. Band parameters for Ⅲ-Ⅴ compound semiconductors and their alloys[J]. Journal of Applied Physics, 2001, 89(11): 5815 - 5875.

[22] O'LEARY S K, FOUTZ B E, SHUR M S, et al. Steady-state and transient electron transport within the Ⅲ-Ⅴ nitride semiconductors, GaN, AlN, and InN: Areview[J]. Journal of Materials Science: Materials in Electronics, 2006, 17(2): 87 - 126.

[23] HARIMA H. Properties of GaN and related compounds studied by means of Raman scattering[J]. Journal of Physics: Condensed Matter, 2002, 14(38): R967 - R993.

[24] TANIYASU Y, KASU M. Improved emission efficiency of 210nm deep-ultraviolet aluminum nitride light-emitting diode[J]. NTT Technical Review, 2010, 8(8): 1 – 5.

[25] SUZUKI M, UENOYAMA T, YANASE A. First-principlescalculations of effective-mass parameters of AlN and GaN[J]. Physical Review B, 1995, 52(11): 8132 – 8139.

[26] LI J, NAM K B, NAKARMI M L, et al. Band structure and fundamental optical transitions in Wurtzite AlN[J]. Applied Physics Letters, 2003, 83(25):5163 – 5165.

[27] KLIMM D. Electronic materials with a wide band gap: Recent developments[J]. IUCrJ, 2014, 1: 281 – 290.

[28] HARTMANN C. Aluminiumnitrid-volumenkristallzüchtung mittels physikalischen gasphasentransports:Bulk aluminum nitride growth by physical vapour transport[D]. Brandenburgische: Brandenburgischen Technischen Universität Cottbus, 2013.

[29] BRYAN I, BRYAN Z, MITA S, et al. Surface kinetics in AlN growth: A universal model for the control of surface morphology in Ⅲ-nitrides[J]. Journal of Crystal Growth, 2016, 438: 81 – 89.

[30] LYONS J L, JANOTTI A, VAN DE WALLE C G. Effects of carbon on the electrical and optical properties of InN, GaN, and AlN[J]. Physical Review B, 2014, 89(3): 1 – 8.

[31] SRINIVASAN S, GENG L, LIU R X, et al. Slip systems and misfit dislocations in InGaN epilayers[J]. Applied Physics Letters, 2003, 83(25): 5187 – 5189.

[32] SHEN X Q, OKUMURA H, MATSUHATA H. Studies of the annihilation mechanism of threading dislocation in AlN films grown on vicinal sapphire (0001) substrates using transmission electron microscopy[J]. Applied Physics Letters, 2005, 87(10): 1 – 3.

[33] ZHANG L S, XU F J, WANG J M, et al. High-quality AlN epitaxy on nano-patterned sapphire substrates prepared by nano-imprint lithography[J]. Scientific Reports, 2016, 6: 1 – 8.

[34] SPECK J S, BREWER M A, BELTZ G, et al. Scaling laws for the reduction of threading dislocation densities in homogeneous buffer layers[J]. Journal of Applied Physics, 1996, 80(7): 3808 – 3816.

[35] FOLLSTAEDT D M, LEE S R, ALLERMAN A A, et al. Strain relaxation in AlGaN multilayer structures by inclined dislocations[J]. Journal of Applied Physics, 2009, 105(8):1 – 13.

[36] REN Z, SUN Q, KWON S Y, et al. Heteroepitaxy of AlGaN on bulk AlN substrates for deep ultraviolet light emitting diodes[J]. Applied Physics Letters, 2007, 91(5):1 – 3.

[37] CANTU P, WU F, WALTEREIT P, et al. Role of inclined threading dislocations in stress relaxation in mismatched layers[J]. Journal of Applied Physics, 2005, 97(10): 1 - 10.

[38] ZAKHAROV D N, LILIENTAL-WEBER Z, WAGNER B, et al. Structural TEM study of nonpolar a-plane gallium nitride grown on (11$\bar{2}$0) 4H - SiC by organometallic vapor phase epitaxy[J]. Physical Review B, 2005, 71(23): 1 - 9.

[39] LACROIX B, CHAUVAT M P, RUTERANA P, et al. Efficient blocking of planar defects by prismatic stacking faults in semipolar (11$\bar{2}$2)- GaN layers on m-sapphire by epitaxial lateral overgrowth[J]. Applied Physics Letters, 2011, 98(12): 1 - 3.

[40] LIU T, ZHANG J C, SU X J, et al. Nucleation and growth of (10$\bar{1}$1) semi-polar AlN on (0001) AlN by hydride vapor phase epitaxy [J]. Scientific Reports, 2016, 6:26040.

[41] BRIEGLEB F, GEUTHER A. Ueber das Stickstoffmagnesium und die Affinitäten des Stickgases zu Metallen[J]. Justus Liebigs Annalen der Chemie, 1862, 123 (2): 228 - 241.

[42] FUNK H, BöHLAND H. Zur Darstellung von Metallnitriden aus Ammoniumfluorometallaten und Ammoniak[J]. Zeitschrift für anorganische und allgemeine Chemie, 1964, 334(3/4): 155 - 162.

[43] TAYLOR K M, LENIE C. Some properties of aluminum nitride[J]. Journal of The Electrochemical Society, 1960, 107(4): 308 - 314.

[44] COX G A, CUMMINS D O, KAWABE K, et al. On the preparation, optical properties and electrical behaviour of aluminium nitride[J]. Journal of Physics and Chemistry of Solids, 1967, 28(4): 543 - 548.

[45] PASTRNAK J, ROSKOVCOVA L. Morphologie und Wachstumsmechanismus von AlN-Einkristallen[J]. Physica Status Solidi B, 1964, 7(1): 331 - 338.

[46] RUTZ R F. Ultraviolet electroluminescence in AlN[J] Applied Physics Letters, 1976, 28(7): 379 - 381.

[47] WITZKE H D. Über Wachstum von AlN-Einkristallen aus der Dampfphase[J]. Physica Status Solidi B, 1962, 2(8): 1109 - 1114.

[48] SLACK G A, MCNELLY T F. Growth of high purity AlN crystals[J]. Journal of Crystal Growth, 1976, 34(2): 263 - 279.

[49] SHEPPARD L M. Aluminium nitride: A versatile but challenging material [J].

American Ceramic Society Bulletin，1990，69(11)：1801－1812.

[50] BALKAS C M，SITAR Z，ZHELEVA T，et al. Sublimation growth and characterization of bulk aluminum nitride single crystals[J]. Journal of Crystal Growth，1997，179(3/4)：363－370.

[51] NIKOLAEV A，NIKITINA I，ZUBRILOV A，et al. AlN wafers fabricated by hydride vapor phase epitaxy[J]. MRS Internet Journal of Nitride Semiconductor Research，2000，5(S1)：432－437.

[52] KOVALENKOV O，SOUKHOVEEV V，IVANTSOV V，et al. Thick AlN layers grown by HVPE[J]. Journal of Crystal Growth，2005，281(1)：87－92.

[53] KAMEI K，SHIRAI Y，TANAKA T，et al. Solution growth of AlN single crystal using Cu solvent under atmospheric pressure nitrogen[J]. Physica Status Solidi C：Current Topics in Solid State Physics，2007，4(7)：2211－2214.

[54] BOCKOWSKI M. Growth and doping of GaN and AlN single crystals under high nitrogen pressure[J]. Crystal Research & Technology，2001，36(8/9/10)：771－787.

[55] KANGAWA Y，TOKI R，YAYAMA T，et al. Novel solution growth method of bulk AlN using Al and Li_3N solid sources[J]. Applied Physics Express，2011，4(9)：095501.

[56] WANG B，CALLAHAN M J. Ammonothermal synthesis of Ⅲ-nitride crystals[J]. Crystal Growth & Design，2006，6(6)：1227－1246.

[57] GRZEGORY I，JUN J，BOCKOWSKI M，et al. Ⅲ-Ⅴ nitrides—thermodynamics and crystal growth at high N_2 pressure[J]. Journal of Physics and Chemistry of Solids，1995，56(3/4)：639－647.

[58] 付丹扬,龚建超,雷丹,等. PVT法 AlN 单晶生长技术研究进展及其面临挑战[J]. 人工晶体学报，2020，49(7)：1141－1156.

[59] CHEMEKOVA T Y，AVDEEV O V，BARASH I S，et al. Sublimation growth of 2 inch diameter bulk AlN crystals[J]. Physica Status Solidi C：Current Topics in Solid State Physics，2008，5(6)：1612－1614.

[60] SCHOWALTER L J，SLACK G A，WHITLOCK J B，et al. Fabrication of native, single-crystal AlN substrates[J]. Physica Status Solidi C：Current Topics in Solid State Physics，2003，0(7)，1997－2000.

[61] BONDOKOV R T，MORGAN K E，SLACK G A，et al. Fabrication and characterization of 2-inch diameter AlN single-crystal wafers cut from bulk crystals[J]. Materials Research Society symposia proceedings，2007，955：3－8.

[62] MUELLER S G, BONDOKON R T, MORGAN K E, et al. The progress of AlN bulk growth and epitaxy for electronic applications[J]. Physica Status Solidi A: Applications and Materials Science, 2009, 206(6): 1153 - 1159.

[63] LU P, COLLAZO R, DALMAU R F, et al. Seeded growth of AlN bulk crystals in m- and c-orientation[J]. Journal of Crystal Growth, 2009, 312(1): 58 - 63.

[64] CHEN W H, QIN Z Y, TIAN X Y, et al. The physical vapor transport method for bulk AlN crystal growth[J]. Molecules, 2019, 24(8): 1562 - 1573.

[65] EPELBAUM B M, BICKERMANN M, NAGATA S, et al. Similarities and differences in sublimation growth of SiC and AlN[J]. Journal of Crystal Growth, 2007, 305(2): 317 - 325.

[66] LI H, GEELHAAR L, RIECHERT H, et al. Computing equilibrium shapes of Wurtzite crystals: The example of GaN[J]. Physical Review Letters, 2015, 115(8): 1 - 5.

[67] HARTMANN C, et al. Preparation of deep UV transparent AlN substrates with high structural perfection for optoelectronic devices[J]. CrystEngComm, 2016, 18(19): 3488 - 3497.

[68] NOVESKI V, SCHLESSER R, RAGHOTHAMACHAR B, et al. Seeded growth of bulk AlN crystals and grain evolution in polycrystalline AlN boules[J]. Journal of Crystal Growth, 2005, 279(1/2): 13 - 19.

[69] HARTMANN C, DITTMAR A, WOLLWEBER J, et al. Bulk AlN growth by physical vapour transport[J]. Semiconductor Science and Technology, 2014, 29(8): 1 - 10.

[70] SUMATHI R R. Bulk AlN single crystal growth on foreign substrate and preparation of free-standing native seeds[J]. CrystEngComm, 2013, 15(12): 2232 - 2240.

[71] SUMATHI R R, GILLE P. Role of SiC substrate polarity on the growth and properties of bulk AlN single crystals[J]. Journal of Materials Science: Materials in Electronics, 2014, 25(9): 3733 - 3741.

[72] HERRO Z G, ZHUANG D, SCHLESSER R, et al. Growth of AlN single crystalline boules[J]. Journal of Crystal Growth, 2010, 312(18): 2519 - 2521.

[73] YIM W M, STOFKO E J, ZANZUCCHI P J, et al. Epitaxially grown AlN and its optical band gap[J]. Journal of Applied Physics, 1973, 44(1): 292 - 296.

[74] KUMAGAI Y, NAGASHIMA T, KOUKITU A. Preparation of a freestanding AlN substrate by hydride vapor phase epitaxy at 1230℃ using (111)Si as a starting substrate [J]. Japanese Journal of Applied Physics, 2007, 46(17/18/19): L389 - L391.

[75] NAGASHIMA T, HARADA M, YANAGI H, et al. High-speed epitaxial growth of AlN above 1200℃ by hydride vapor phase epitaxy[J]. Journal of Crystal Growth, 2007, 300(1): 42 - 44.

[76] NAGASHIMA T, HARADA M, YANAGI H, et al. Improvement of AlN crystalline quality with high epitaxial growth rates by hydride vapor phase epitaxy[J]. Journal of Crystal Growth, 2007, 305(2): 355 - 359.

[77] KUMAGAI Y, TAJIMA J, ISHIZUKI M, et al. Self-separation of a thick AlN layer from a sapphire substrate via interfacial voids formed by the decomposition of sapphire [J]. Applied Physics Express, 2008, 1(4):51 - 53.

[78] BOICHOT R, CHEN D Y, MERCIER F, et al. Epitaxial growth of AlN on (0001) sapphire: Assessment of HVPE process by a design of experiments approach[J]. Coatings, 2017, 7(9): 136 - 155.

[79] GORIKI N, MIYAKE H, HIRAMATSU K, et al. AlN grown on a - and n -plane sapphire substrates by low-pressure hydride vapor phase epitaxy[J]. Japanese Journal of Applied Physics, 2013, 52(8): 1 - 4.

[80] KHAN D T, TAKEUCHI S, NAKAMURA Y, et al. Microscopic crystalline structure of a thick AlN film grown on a trench-patterned AlN/α-Al$_2$O$_3$ template[J]. Journal of Crystal Growth, 2015, 411: 38 - 44.

[81] BRYANT B N, et al. Aluminum nitride grown on lens shaped patterned sapphire by hydride vapor phase epitaxy[J]. Physica Status Solidi C: Current Topics in Solid State Physics, 2011, 8(5).

[82] SU X J, HUANG J, ZHANG J P, et al. Microstructure and influence of buffer layer on threading dislocations in (0001) AlN/sapphire grown by hydride vapor phase epitaxy[J]. Journal of Crystal Growth, 2019, 515: 72 - 77.

[83] HUANG J, CHEN Q J, NIU M T, et al. Investigation on halide vapor phase epitaxial growth of AlN using N$_2$ as N source[J]. Journal of Crystal Growth, 2020, 536:125567.

[84] KUMAGAI Y, et al. Characterization of a freestanding AlN substrate prepared by hydride vapor phase epitaxy[J]. Physica Status Solidi C: Current Topics in Solid State Physics, 2008, 5(6): 1512 - 1514.

[85] KUMAGAI Y, YAMANE T, MIYAJI T, et al. Hydride vapor phase epitaxy of AlN: thermodynamic analysis of aluminum source and its application to growth[J].

Physica Status Solidi C，2003，0(7)：2498 - 2501.

[86] MIYAKE H，LINC H，TOKORO K，et al. Preparation of high-quality AlN on sapphire by high-temperature face-to-face annealing[J]. Journal of Crystal Growth，2016，456：155 - 159.

[87] XIAO S Y，JIANG N，SHOJIKI K，et al. Preparation of high-quality thick AlN layer on nanopatterned sapphire substrates with sputter-deposited annealed AlN film by hydride vapor-phase epitaxy[J]. Japanese Journal of Applied Physics，2019，58(SC)：1 - 5.

[88] KUMAGAI Y，ENATSU Y，ISHIZUKI M，et al. Investigation of void formation beneath thin AlN layers by decomposition of sapphire substrates for self-separation of thick AlN layers grown by HVPE[J]. Journal of Crystal Growth，2010，312(18)：2530 - 2536.

[89] NAGASHIMA T，ISHIKAWA R，HITOMI T，et al. Homoepitaxial growth of AlN on a 2-in. -diameter AlN single crystal substrate by hydride vapor phase epitaxy[J]. Journal of Crystal Growth，2020，540：1 - 5.

[90] IMURA M，et al. High-temperature metal-organic vapor phase epitaxial growth of AlN on sapphire by multi transition growth mode method varying V/Ⅲ ratio[J]. Japanese Journal of Applied Physics，2006，45(11)：8639 - 8643.

[91] YAN J C，WANG J X，ZHANG Y，et al. AlGaN-based deep-ultraviolet light-emitting diodes grown on high-quality AlN template using MOVPE[J]. Journal of Crystal Growth，2015，414：254 - 257.

[92] HIRAYAMA H，FUJIKAWA S，NOGUCHI N，et al. 222 - 282 nm AlGaN and InAlGaN-based deep-UV LEDs fabricated on high-quality AlN on sapphire[J]. Physica Status Solidi A：Applications and Materials Science，2009，206(6)：1176 - 1182.

[93] BANAL R G，FUNATO M，KAWAKAMI Y. Initial nucleation of AlN grown directly on sapphire substrates by metal-organic vapor phase epitaxy[J]. Applied Physics Letters，2008，92(24)：1 - 3.

[94] XIE N，XU F J，ZHANG N，et al. Period size effect induced crystalline quality improvement of AlN on a nano-patterned sapphire substrate[J]. Japanese Journal of Applied Physics，2019，58(10)：1 - 5.

[95] LONG H L，DAI J N，ZHANG Y，et al. High quality 10. 6 μm AlN grown on pyramidal patterned sapphire substrate by MOCVD[J]. Applied Physics Letters，

2019，114（4）：1－5.

[96] MIYAKE H，NISHIO G，SUZUKI S，et al. Annealing of an AlN buffer layer in N_2－CO for growth of a high-quality AlN film on sapphire[J]. Applied Physics Express，2016，9（2）：1－4.

[97] TAKANO T，MINO T，SAKAI J，et al. Deep-ultraviolet light-emitting diodes with external quantum efficiency higher than 20％ at 275 nm achieved by improving light-extraction efficiency[J]. Applied Physics Express，2017，10（3）：1－4.

[98] CHEN Y D，WU H L，HAN E Z，et al. High hole concentration in p-type AlGaN by indium-surfactant-assisted Mg-delta doping[J]. Applied Physics Letters，2015，106（16）：1－4.

[99] KINOSHITA T，HIRONAKA K，OBATA T，et al. Deep-ultraviolet light-emitting diodes fabricated on AlN substrates prepared by hydride vapor phase epitaxy[J]. Applied Physics Express，2012，5（12）：1－3.

[100] INOUE S I，TAMARI N，TANIGUCHI M. 150 mW deep-ultraviolet light-emitting diodes with large-area AlN nanophotonic light-extraction structure emitting at 265nm [J]. Applied Physics Letters，2017，110（14）：1－5.

[101] IROKAWA Y，VILLORA E A G，SHIMAMURA K. Shottky barrier diodes on AlN free-standing substrates[J]. Japanese Journal of Applied Physics，2012，51（4）：1－3.

[102] KINOSHITA T，NAGASHIMA T，OBATA T，et al. Fabrication of vertical Schottky barrier diodes on n-type freestanding AlN substrates grown by hydride vapor phase epitaxy[J]. Applied Physics Express，2015，8（6）：1－3.

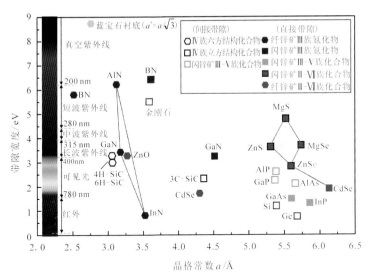

图 1.1　常见半导体材料的晶格常数 a 和带隙宽度

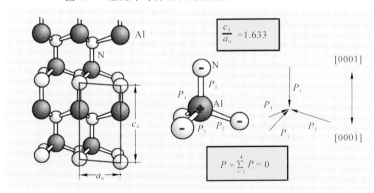

(a)AlN的理想纤锌矿结构

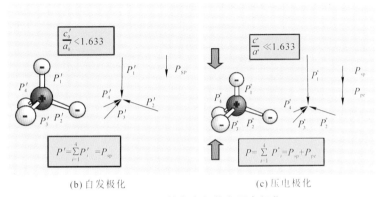

(b) 自发极化　　　　　　(c) 压电极化

图 1.6　AlN 的自发极化和压电极化

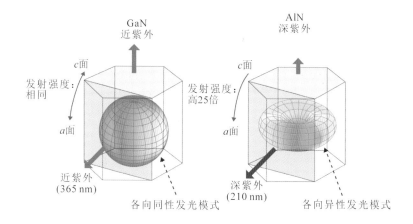

图 1.8　GaN 和 AlN 的发光性质

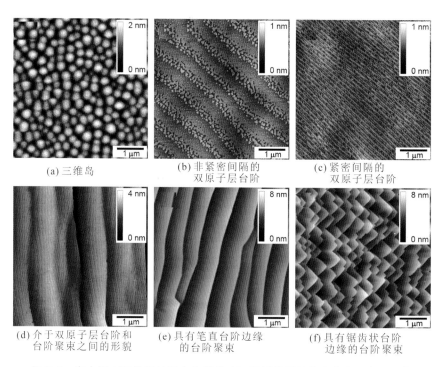

(a) 三维岛　　　　　(b) 非紧密间隔的　　　　(c) 紧密间隔的
　　　　　　　　　　　双原子层台阶　　　　　　双原子层台阶

(d) 介于双原子层台阶和　　(e) 具有笔直台阶边缘　　(f) 具有锯齿状台阶
　台阶聚束之间的形貌　　　　的台阶聚束　　　　　　边缘的台阶聚束

图 2.5　在本征 AlN 单晶衬底上生长的 AlN 同质外延层的六种主要表面形态

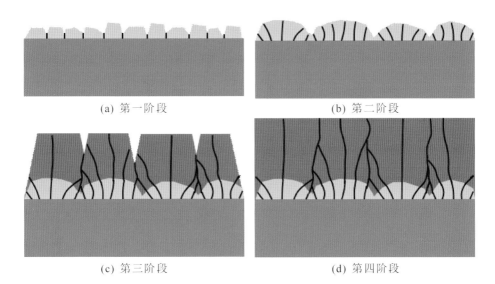

(a) 第一阶段   (b) 第二阶段

(c) 第三阶段   (d) 第四阶段

图 5.8   AlN 外延生长的四个阶段

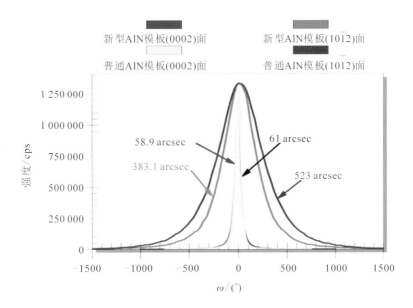

图 6.9   AlN 模板的 XRD 摇摆曲线

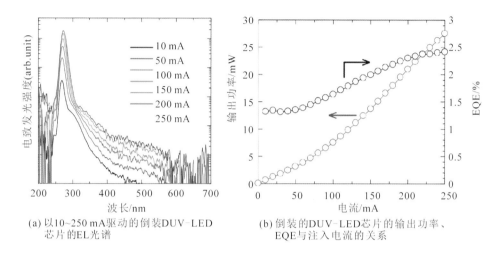

(a) 以10~250 mA驱动的倒装DUV-LED
芯片的EL光谱

(b) 倒装的DUV-LED芯片的输出功率、
EQE与注入电流的关系

图 7.11 倒装的 DUV-LED 芯片的 EL 光谱及其输出功率、EQE 与
注入电流的关系

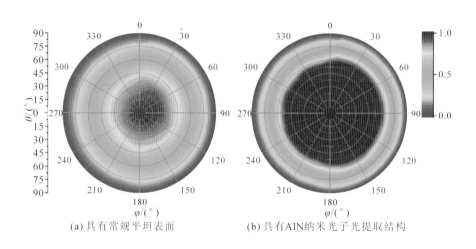

(a) 具有常规平坦表面

(b) 具有AlN纳米光子光提取结构

图 7.15 具有常规平坦表面和 AlN 纳米光子光提取结构的
DUV-LED 的远场辐射图